妙趣横生的动物世界(之三)

动物与人类的恩怨情结

王 汪 编著

金盾出版社

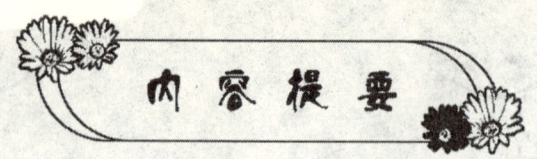

内容提要

本书用生动朴实的语言,介绍了动物记仇复仇、动物与人之间的大战、有益于人类的动物、动物与人安乐相处、动物参加战争的故事。故事鲜为人知,生动感人,具有很强的知识性与趣味性。

图书在版编目(CIP)数据

动物与人类的恩怨情结/王汪编著. -- 北京:金盾出版社,2010.12
 ISBN 978-7-5082-6488-2

Ⅰ.①动… Ⅱ.①王… Ⅲ.①动物—普及读物 Ⅳ.①Q95-49

中国版本图书馆 CIP 数据核字(2010)第 106633 号

金盾出版社出版、总发行
北京太平路5号(地铁万寿路站往南)
邮政编码:100036 电话:68214039 83219215
传真:68276683 网址:www.jdcbs.cn
封面印刷:北京蓝迪彩色有限公司
正文印刷:北京蓝迪彩色有限公司
装订:北京蓝迪彩色有限公司
各地新华书店经销
开本:880×1230 1/32 印张:5 字数:130千字
2010年12月第1版第1次印刷
印数:1~6000册 定价:10.00元
(凡购买金盾出版社的图书,如有缺页、倒页、脱页者,本社发行部负责调换)

前 言

历史的发展充分证明,动物是人类最亲密的朋友。自古以来,牛马就是人类耕种和运输的主要工具,家禽为人类造福,人类还通过与狮、虎、狼、狐狸等凶猛狡猾动物的斗争,增长了智慧。近代以来,动物在人类实践活动中的地位越来越重要,骡马成为军人的无言战友,军犬直接参与战争,警犬与公安干警一起破案,宠物成为现代家庭中的重要一员,动物与人和谐相处、动物救人的事例更是屡见不鲜。

但是,人对动物又了解多少呢?保护地球、珍爱动物,就是保护人类自己。因此,了解动物,理解动物,与动物和谐相处,让动物造福于人类,就是出版本书的初衷。

我今年已81岁了,本着爱护动物就是保护人类自己的宗旨,几十年来,我收集、剪辑了《妙趣横生的动物世界》丛书,希望此书出版后,能对社会、对人类有所贡献。妙趣横生的动物世界共分七册,其中:

(一)千奇百怪的动物之谜,包括:奇异的动物、鸟类奇观、动物的睡态百姿、动物王国的贵贱等级、动物的特殊器官与特殊功能大观、动物拾趣。

(二)动物的本领与智慧,包括:动物的智慧与奇异本领、动物的婚恋、生育、情感及家庭趣闻,动物的自我医疗保健奇观,动物御寒防暑的种种招数,动物相斗为生存。

(三)动物与人类的恩怨情结,包括:有益于人类的动物,动物记仇复仇奇观,动物救人与人安乐相处奇闻,与凶猛动物和平共处的奇人奇事,惊心动魄的人与动物之战。

(四)五彩纷呈的昆虫世界,包括:昆虫万花筒,蚂蚁王国大观,蜜蜂——女性王国内幕,害虫奇录,昆虫拾趣。

(五)水族动物的奇闻怪事,包括:水族世界万花筒,海底万象,水族世界奇闻,水族世界拾趣。

(六)不能破解的动物之谜,包括:至今还不能完全破解的动物之谜,动物飞行与迁徙之谜,奇妙的有袋动物,蜘蛛世界的神奇内幕,伪装大师变色龙,狼的趣闻,兽中之王——狮虎探奇,神奇的大象,动物揖趣。

(七)濒临灭绝的珍稀动物,包括:即将濒临灭绝的珍稀动物,保护动物就是保护人类自己,人造动物园中的动物乐趣,各国饲养动物的新方法,动物花絮等。

需要特别指出的是,此书材料是我收集、剪辑的,因为时间较长,来源渠道较多,有些稿子没有原作者姓名,有些虽有姓名,但多次书信、电话联系,都没有联系上。我又托我外孙与国家版权中心联系,经国家版权局指导,除原稿没有姓名外,文稿内保留原作者姓名。我认为这样做,一是尊重原作者的著作权,二是以便原稿作者与我联系,商洽稿酬事宜。另外,本书封面使用的部分动物图片,由我外孙从网上下载,如原作者认为有自己的图片,均可与我洽谈稿酬。电话是:0913—82118640。在此,我对原稿作者这种热爱动物,保护动物的做法表示衷心感谢。

本书虽经多次文字加工,但仍有不尽人意之处,望广大读者批评指正。

编 者

目 录

第一章　　动物记仇复仇奇观

§　1. 燕子复仇/(2)

§　2. 猴子记仇也复仇/(2)

§　3. 猴子复仇有战术/(3)

§　4. 记仇的蛇/(4)

§　5. 人蟒恩仇记/(5)

§　6. 动物乱法庭/(10)

第二章　　惊心动魄的人与动物之战

§　1. 触目惊心的人蛙大战(12)

§　2. 心惊肉跳的人蚁大战/(18)

§　3. 罕见的人鲨之战/(22)

§　4. 夜战母狮/(28)

§　5. 独斗美洲虎/(31)

§　6. 惊闻吃人鳄/(32)

§ 7. 非洲鳄奇闻/(36)
§ 8. 捕捉海豹/(40)

第三章 有益于人类的动物

§ 1. 春光明媚话益鸟/(44)
§ 2. 鸟对人类贡献/(45)
§ 3. 益鸟是人类的朋友/(47)
§ 4. 布谷鸟是益鸟吗？/(48)
§ 5. 喜鹊大喜/(49)
§ 6. 鸟的功绩/(50)
§ 7. 夏夜纳凉话蝙蝠/(51)
§ 8. 值夜班的蝙蝠/(52)
§ 9. 蝙蝠与仙人掌/(53)
§ 10. 春燕趣话/(55)
§ 11. 燕子是人类的朋友/(57)
§ 12. 飞入寻常百姓家/(58)
§ 13. 乌鸦趣话/(59)
§ 14. 诗情画意的蜻蜓/(60)
§ 15. 杜鹃趣话/(61)
§ 16. 小小的生存艺术家——蛙/(62)
§ 17. 蛙声阵阵兆丰年/(66)
§ 18. 高举大刀的螳螂/(67)
§ 19. 双舞大刀活螳螂/(68)

目 录

- § 20. 请蛙入厨灭蟑螂/(69)
- § 21. 麻雀的厄运/(70)
- § 22. 壁虎的申诉/(71)
- § 23. 赤眼蜂的自述/(72)
- § 24. 夜晚的"雄鹰"——猫头鹰/(73)
- § 25. 猛禽——净化环境的功臣/(77)

第四章 动物救人与人安乐相处奇闻

- § 1. 海豚救人记/(80)
- § 2. 鼻瓶海豚救了我/(81)
- § 3. 人和海豚对话/(83)
- § 4. 海豚纪念碑/(84)
- § 5. 令人称奇的喜鹊/(85)
- § 6. 一麻雀与主人欢乐相处/(86)
- § 7. 刺猬救主人/(87)
- § 8. 石斑鱼舍己救人/(88)
- § 9. 小花猫救主人/(89)

第五章 与凶猛动物和平共处的奇人奇迹

- § 1. 密林遇熊/(91)
- § 2. 捕熊记/(95)
- § 3. 与巨蟒"和平共处"15年/(100)

动物与人类的恩怨情结

§ 4. 乔安娜与鲨鱼和平共处/(101)
§ 5. 神秘的友谊/(101)
§ 6. 我和毒蛇交朋友/(105)
§ 7. 一个与狼朝夕相处的人/(110)
§ 8. 与狼交朋友/(112)

第六章 动物参战的故事

§ 1. 动物参战奇闻/(116)
§ 2. 动物助战奇闻/(117)
§ 3. 动物卫兵奇闻/(118)
§ 4. 动物"消防兵"/(120)
§ 5. 海豚曾出战波斯湾/(121)
§ 6. 企鹅监测员/(122)
§ 7. 动物防盗与侦探/(123)
§ 8. 猴子当保姆/(127)
§ 9. 苍蝇间谍/(128)
§ 10. 动物邮递员/(129)

第七章 动物拾趣

§ 1. 鹦鹉主持婚礼/(132)
§ 2. 妙趣横生的泰国斗鱼/(132)
§ 3. 猩猩"画家"/(135)
§ 4. 打乒乓球的猫/(136)

目 录

§ 5. 斗死公牛知多少！/(136)
§ 6. 有趣的大象运动会/(137)
§ 7. 俄罗斯斗鹅/(138)
§ 8. 苍蝇并非全是害虫/(139)
§ 9. "清洁苍蝇"的贡献/(140)
§ 10. 动物世界的奥运纪录/(140)
§ 11. 袋鼠拳击家/(143)
§ 12. 动物短跑名将/(144)
§ 13. 蛇的运动趣谈/(146)
§ 14. 动物运动趣谈/(147)
§ 15. 猴子足球赛/(148)
§ 16. 人与动物的运动速度比较/(148)
§ 17. 奇鸟拾趣/(148)
§ 18. 会灭火的蛇·鸟·树/(149)

第一章 动物记仇复仇奇观

动物与人类的恩怨情结

1. 燕子复仇

动物和人类有许多相似之处,如自爱、自理、妒忌、仇恨、侵略、复仇……

有一对伉俪情笃的燕子,夫妻相亲相爱,婚后不久产下几个幼子。燕丈夫出门忙个不停,燕妈妈紧守雏燕寸步不离。有一次母燕不慎碰在玻璃上,当即震死,公燕返回见此状声声哀叫。为养活那些刚出世的小东西,公燕不得不再娶回另一位"新娘"。

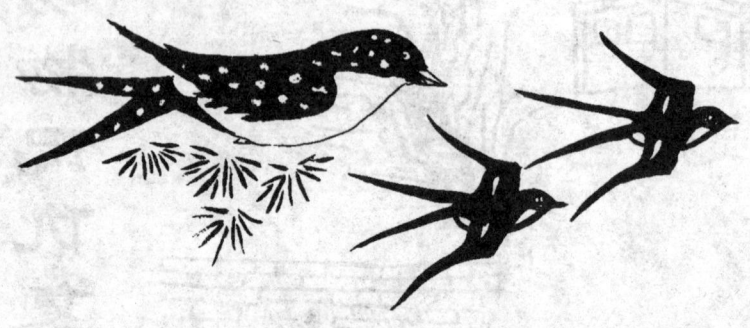

殊不知新娘一进窝,就把小燕统统扒出窝外,致小燕坠地而亡。公燕回家发现小燕子死于非命,心中燃烧起了复仇的火焰。当新娘下蛋后孵化时,公燕拼命衔草衔泥,封闭了燕窝。公燕完成复仇心愿后愤然离去,新母燕窒息身亡。

2. 猴子记仇也复仇

在沙特阿拉伯南部沙漠,一个男子开车上班,驶车经卡米斯梅希特地区公路,不慎压死一只猴子,另外的猴子不依

第一章 动物记仇复仇奇观

不饶,群起追赶汽车,他猛踏油门跑掉。晚上他下班沿原路返回,没料到那些猴子仍聚集在出事地点等他。当群猴发现了他的汽车后,一拥而上,打碎汽车玻璃。幸亏他躲避及时,驾车疾驰逃跑,众猴见复仇无望,才愤然拖着已死同伴的尸体离去。

(《北京青年报》)

3. 猴子复仇有战术

是夜,忽听得院子里一片嘈杂声和狗咬声,老岩赶紧走出竹楼。但见,八九十只猴子,有的上树,有的爬栅栏,院子里的果子全被猴群糟蹋了。有一群猴,围着两条狗,猴们龇牙咧嘴,双方你盯着我,我瞅着你,谁也不敢轻举妄动。

突然,母猴冲出猴群,穿入两条狗的尾巴中间,并用力向其中一只狗发起了冲击,两条狗同时回头,扑向母猴,猴子向上一跃,攀上树枝,逃遁而去。

猴群中一只雄壮的"猴王"上肢朝空中挥舞一下,嘴里

还发出一声长叫,群猴从四面八方,气势汹汹地冲向两条狗,爪撕、牙咬、脚踩、石砸。

动物与人类的恩怨情结

有只猴子用前爪紧抓着狗尾不放,又扯又咬,痛得狗狂叫乱蹦,另一只猴乘机抓着狗的双耳,纵身跃起,骑上狗背,狗猛地一蹲,冲出了包围圈。背上的猴子正得意间已被重重地摔在一块突出的石头上……

还是老岩的儿子灵活,顺手抓起一只洗脸盆,敲了起来,全家人赶紧燃起火把,盆子敲得震天响,寨子里的乡亲们,闻声举着火把从四面八方向老岩的竹楼赶来。

一只蹲在树梢观战的"哨猴"赶紧溜下树来,向群猴发出警报。正围着另一条狗"大打出手"的猴们闻报,不敢恋战,一轰而散,争先恐后地攀枝、跳树,逃往山中。动作之快、令人惊叹!

(《西安晚报》)

4. 记仇的蛇

芒格洛尔市附近有个村庄,一个小孩正在玩耍,他把一根棍子向树上掷去,正巧打在一条眼镜蛇身上。几天后,这条蛇便向那个小孩报复,小孩跳上船摆渡过河,但这条蛇竟快速游到彼岸等着小孩。这个小孩只好驾着船在河中往返数次,得到人们的帮助后才摆脱危险。

还有一则令人吃惊的消息:胡布利的一位女医生,在一个有凉台平房的附近发现了一条眼镜蛇,就用手杖把它打伤了。当天夜里,这位医生到 12 英里远的村镇出诊,返回时,看到一条蛇在等着她,幸亏送她的人多,才把蛇给打死。事后发现这条蛇的背上有一伤痕,正是手杖打的痕迹。原来,眼镜蛇不仅具有较强的记忆力,而且也有超人的"智力"。

(卢春平译)

第一章 动物记仇复仇奇观

5. 人蟒恩仇记

在印度南站的蒙罗卡村,有个名叫布尔兹的汉子,靠打猎为生。有一天,由于运气不佳,他连只山雀也没打到,垂头丧气地回来。刚走到家门口,突然发现窗台上放着一只野兔。他以为是村里的猎手们送的,没介意。谁知道第二天回来,窗台上又放着只大山鸡,他再也沉不住气了,在猎手们中间打听起来,谁也没给他家送野兔和山鸡,而他家的窗台上天天都有猎物放在上面。为弄清事情的来龙去脉,他不再进山,躲在屋里偷偷地观察起来。他从早晨等到傍晚,还不见送猎物的来,心想:也许它今天不来了……正准备离开,忽见门前坡上的茅草像刮风似的一阵乱抖。转眼工夫,一条碗口粗细的山蟒叼着山鸡来到他们家门口,将山鸡往窗台上一放,转眼消失在草丛里。

这到底是什么缘故?望着暮色笼罩的山林,布尔兹不觉想起一件事来……那是两年前的一个下午,他打猎回来,路过一片林子,突然听见草林中传来一阵"吱吱"声。他循声望去只见一条60多公分长的山蟒正在吞食一只老鼠。那老鼠头在外、尾在内,已被吞进去半截子,前爪在地上无力地挣扎着,叫得声声凄惨。就在这时,在一处的石缝中探出颗鼠头,它朝四周窥望了一阵,大约认定确实没有其他威胁,这才窜出,一口叼住露在外面的鼠头同山蟒争夺起来。它们正相持不下的时候,一边草丛中又跳出两只老鼠,分段咬住山蟒的后半截。山蟒腹背受敌,不得不吐出口中的老鼠,将头转过去咬背后的老鼠,那老鼠见势不妙,当即跳到一边。山蟒赶紧卷起一道道圈子,昂起头对准了面前的老鼠。双方对峙许久,老鼠仗着鼠多势众,展开攻势,它们从

动物与人类的恩怨情结

不同的方向扑去,山蟒只能对付一只老鼠,头上、身上挨了几口。方知这群老鼠并非等闲之辈,蟒不得不边斗、边往石缝那边退。机灵的老鼠们早明白蛇的意图,很快堵住它的去路。几个回合下来,山蟒浑身伤痕累累,不再像开头那样攻守自如了。一只又肥又胖的大老鼠见时机成熟,突然扑上去咬住蟒头。山蟒正要将身子甩过来缠那老鼠,早被另外两只老鼠按住动弹不得。三只老鼠扯住蟒在空地上转来转去。精疲力竭的山蟒被三只老鼠咬得既无招架之功,更无还手之力。望着黛青色的蟒背,布尔兹知道这是一种珍贵的蟒种,应加保护。眼看老鼠就要得逞了,布尔兹取出父亲传给他的那支箫吹了一声。老鼠不知是什么声音,吓得魂不附体,转身逃得无影无踪了。布尔兹将山蟒带回家,他天天拿肉喂它,不几天,山蟒身上的伤奇迹般的好了。只是由于头部的伤口太深,痊愈后留下一颗绿豆般大小的白斑点。几个月后,布尔兹便将它放回山里……他怀疑送猎物来的就是收养过的那条山蟒。于是第二天,他循着山蟒走过的痕迹寻了去。

他翻过一座山包,终于在山沟深密的树林里发现了一个盆口般的大小石窟,心想,山蟒说不定就藏在这里,于是掏出竹箫吹了起来。

不一会,洞中果然探出来一颗大蟒头,渐渐地,连身体也出来了。山蟒游出洞,应着悠悠箫声卷成一道道圈子,将头枕在他面前的草地上。他仔细一看,那蟒头上果然有一颗硬币般大小的白斑。它正是自己两年前救过的那条山蟒!布尔兹不由将手轻轻放在蟒头上……

不久,这里遇上山体大滑坡,布尔兹的房子埋进谷底的乱石堆里,他不得不带着妻子到别的村子去住。

不知不觉10多年过去了,布尔兹的儿子哈里·布尔兹

第一章 动物记仇复仇奇观

已长成个健壮的棒小伙子。老布尔兹老了,不能再上山打猎,他便将猎枪和竹箫传给了儿子。

一天,哈里正在山上追赶一只受伤的猎物,突然被野藤绊了一跤,一个跟头跌进一个深坑里。这是个壶状的坑,口小底大,坑口被野藤盖得严严实实。他试图爬上去,可是石壁陡峭光滑,上面湿漉漉的长满了藓苔。如果无人帮助,是根本无法上去的。

就在这时,听得坑顶上一阵"哗哗"的声音,转眼从上面下来一条桶口般粗细的巨蟒。巨蟒发现坑底的他,不觉一怔,身体渐渐卷成一道圈子,高高地昂着头,虎视眈眈地注视着他。那血红的长舌像剑在抖动,绿莹晶亮的圆眼睛在昏暗的坑内更显得阴森恐怖。

他吓得魂不附体,抱着枪蜷缩在坑壁的一角一动也不敢动。不一会,巨蟒突然散开圈子,用尾巴将他手中的枪缠住,抽出来用力一抛,枪转眼被抛到几米高的坑外,他顿时吓得昏了过去。

当他醒来时,发现躺在一块干燥的石头上,旁边放着几件毛茸茸的东西,他定睛一看,原来是几只被咬死的野兔。巨蟒很快从坑顶下来。它见哈里仍无动于衷地坐在那里,于是忙用尾巴将野兔朝这边推。看来,巨蟒对自己并无恶意,他悬着的心总算稍稍平静了一些。

不知不觉三天过去了,巨蟒天天都给哈里送食物来,第二天是只山鸡,第三天是只山猫……集中起来放了一大堆。哈里虽然又饥又渴,有时也想将这些东西拿起来尝尝,谁知一闻到生肉腥味,他就直翻胃。

突然,坑外掉下来一枚野梨,他如获至宝,忙拎起来捧在手里贪婪地啃起来。原来坑顶有棵野梨树,几只顽皮的猴子在树上游戏玩耍,无意间将一颗梨掉进坑里。

动物与人类的恩怨情结

巨蟒见哈里吃得津津有味,半闭着眼睛仿佛思索了一阵,游到坑外,用尾巴打下许多梨,并把梨推进坑里……吃过梨,哈里总算有一些精神。他想:长期待在坑里总不是办法,靠别人援救是不可能的。唯一希望只能依靠巨蟒的力量出去!他努力打消恐惧心理,有意同巨蟒亲近。巨蟒仿佛理解人意,任他用手抚摸,躺在那里一动也不动。

梨很快吃光了,如果不趁现在还有些力气赶快出去,只有死路一条……望着他焦急不安的样子,巨蟒好像明白他的心思。它不由用尾部卷起他,试图将他拖出去。可是,由于坑口太高,它做了很大的努力,仍无济于事,他的心不觉再次降到冰点。

巨蟒在坑底歇了一会,又要出坑觅食去了。就在蟒尾快要离开坑底的一刹那,哈里急中生智,上去抱住了那条粗壮的蟒尾巴。转眼工夫,他终于被巨蟒带出坑外。此刻正是中午,灿烂的阳光普照大地,一阵凉爽的山风顺着山谷吹过来,舒服极了。又回到属于自己的世界,哈里简直高兴死了!他像敬奉神灵一样,朝远去的巨蟒不住地叩头。

回到家,全家都为他死里逃生感到高兴。为感谢巨蟒的救命之恩,每次从坑道口过,他都要将打到的猎物投些到坑里。

不久,附近狩猎场的人们也发现了这条巨蟒,他们便同班加罗尔市动物园签订了一份捕蟒合同。很快,动物园也来人协助捕蟒。当他们找到巨蟒时,巨蟒情知不妙,躲在坑里不肯出来。他们听说老布尔兹祖上是驯蛇的,便请老人出山替他们捕蟒。

老布尔兹怀疑那条巨蟒就是他10多年前救过的幼蟒,况且它又救过自己的儿子,无论他们出多少钱,老布尔兹也不肯去,这件事就这样搁了下来。

第一章 动物记仇复仇奇观

再说哈里几年前同附近村庄的一位姑娘订了婚,由于家里太穷,婚事拖了好几年。这年秋天,媒人突然来家里,说要他们筹备些钱,把婚事办了。而家里一贫如洗,拿什么钱去办婚事呢?凑巧动物园的人又来了,没别的法子,哈里咬了咬牙,不得不拿起竹箫,随动物园的人去了。

他们很快来到巨蟒栖身的坑前,狩猎场的人和动物园的人忙准备好笼子,哈里掏出竹箫吹了起来。应着悠扬哀婉的箫声,巨蟒终于从坑内游出来,在哈里面前盘成几道圈子,将头枕在他面前的草地上。哈里定睛一看,巨蟒头上果然有一块巴掌大的白斑……就在这时,听得"咣"的一声,铁

笼从天而降,将巨蟒扣在笼中。只见巨蟒的一对腮帮子渐渐地鼓起来,突然将嘴一张,一股腥辣的液体射了出来,喷了哈里满头满脸。他只觉得皮肤刀割火燎般疼痛,回家后怎样洗也洗不净,渐渐地他昏了过去。

当他醒来的时候,发现躺在医院的病床上。由于中毒太重,额角和半边脸上的皮肤不得不全部刮去,许多地方露出了骨头。脸上未刮去的地方到处溃烂,流出的黄水恶臭熏人……

(唐本庆)

6. 动物乱法庭

怒蜂袭法庭 成千上万只蜜蜂前不久突然闯入尼日利亚博卡尼市法院内正在开审的法庭,这一"袭击"使一名保安和两名证人被蜇而失去知觉。所有到庭人员,包括法官和被告均仓皇逃命。专家们认为,这可能是起诉人与辩护人咆哮的激烈辩论惊扰了附近一窝蜂,致使它们一怒之下袭击法庭。

蜥蜴乱法庭 在肯尼亚海港城市蒙巴萨的法庭上,庄严的审判正在进行审案。突然,一条大蜥蜴猛地窜入大厅,司法官员和观众们立即乱作一团。20名被告不失时机地利用了这种混乱,霎时间逃得无影无踪。然而,这条无意中充当了"解放者"的蜥蜴在劫难逃,被活活打死。

吃人的鱼 深受其害的亚马逊河岸居民称食人鱼为"三声鱼",即每当涉水过河的人被食人鱼包围,首先痛叫一声"救命",接着是一声惨叫"痛死了",过一阵子再传来一个撕心裂肺的"哎——哟"声之后,一个好端端的人被食人鱼"五马分尸"了,据说食人鱼袭击牛马群前后只需15分钟,而吃人只需5分钟。

(《汉中日报》)

第二章 惊心动魄的人与动物之战

第二章　惊心动魄的人与动物之战

动物与人类的恩怨情结

1. 触目惊心的人蛙大战

血蛙与"血的代价" 1996年10月的一天,以美国著名的动物生态学家雅各布·米尔为首的科学考察团一行7人,在巴西向亚马逊河上游的原始热带雨林进发,进行探险考察。亚马逊河是世界最长(6480公里)、流域最广(705万平方公里)的河流。它的上游也是全球目前最神秘最原始的大森林。

一天,他们来到了一个池塘边,考察队员休斯博士看到在一棵罕见的像一把倒撑开的黄伞的真菌上,有一对小小的奇妙的动物。他蹲下身子仔细一看,竟然是两只从来没有见过的小青蛙。它们背部大部分呈红的,背部的一小部分、四肢及腹部则是紫灰色。更奇妙的是,两种颜色的界限截然分明,没有中间色。而且上面的红色如涂上油漆一样,色彩浓重,如同鲜红的火焰。

休斯大喜:"我从来没有见过这样的青蛙!它可能是人类发现的新品种!身上像血一样,我以发现者的权利正式命名它为'血蛙'!"他兴奋地说。

正在这时,忽然一只大得多的"血蛙"猛然跳到休斯的手上,张口就咬了一口,好痛!人们都惊呆了。

众所周知,青蛙是一种非常惹人喜爱的有益动物,人类把它们视为好伙伴,从来没有想到青蛙会咬人,咬完后还怒目而视。愤怒的休斯也以"摩西十诫"中"以眼还眼",仔细盯住它。忽然,他发现这只青蛙背部末端接近肛门的地方长着一对如同白线一般细长的尾巴。休斯好奇怪,因为青蛙是没有尾巴的。再仔细一看,尾巴的末端还长着一对圆圆的黑色球状物。

第二章 惊心动魄的人与动物之战

他情不自禁地用手指摸了摸这对奇怪的小玩意,突然,一股黑色的液汁从球囊中喷出,直射他的眼睛。他顿时感到疼痛钻心,便大叫一声,昏了过去。人们见状大惊,连忙救醒了他,可是他什么也看不见,他失明了!

休斯的好友麦考莱怒不可遏,不顾旁人劝阻,抓起这只可恶的青蛙,用足力气,向一块石头掷去。这只青蛙凄惨地怪叫了一声,蹬直了双腿,嘴里吐出一股黑水,死了。

大战更为激烈 忽然,考察队听到四周渐渐响起一阵奇怪的鸣叫声,声音越来越响,越来越近,越来越尖厉。动物学家们都面面相觑,惊愕不已。

后来,他们发现原来发出叫声的都是大大小小的血蛙。看来,它们是听到刚才一只血蛙的惨叫后赶来的。

机敏的麦考莱发现有一只血蛙躲在一棵高高大树上的一片大叶上面,下面的人只能看到黑影。

蓦然,树后面发出一声怪叫,下面的血蛙们好像听到命令,一齐从各自的特殊"尾巴"中喷出浓浓的黑汁,射向人们的头部、手部等裸露部位。射中眼睛的自然会失明,就是射在手上也会迅速引起皮肤糜烂。

情况不妙,米尔下令:"快跑!"

于是,人类历史上第一次出现这样奇怪的场面:

青蛙在后面追,人在前面逃命,而且逃命的是一群身强力壮的男人,一群探险家。"追杀"的则是一群小小的青蛙。简直不可思议!

跑了好长一段路,才算脱离了危险。可是,麦考莱却不想睡觉,刚才在人们逃跑时,他像一名战地新闻摄影记者,拍下了许多珍贵的照片。可是,他并不满足,他还要拍一些照片。于是,他带上照相机,专门挑树林特别茂密的地方行进继续拍照。

动物与人类的恩怨情结

忽然,他看到在一簇发出奇光异彩的花朵下,有一对赤红的血蛙正在做爱——一只雄蛙伸出一只红彤彤的右臂,亲昵地拥搂着一只雌蛙,而雄蛙的"脸颊"则亲热地贴在它的"心上蛙"的"额头"上,这简直同人类表达感情的方式一模一样!

作为一名动物学家的麦考莱从来不知道,比爬行动物还要低等的青蛙居然能用这样高等的"感情动作"。麦考莱不敢惊动它们,旋即拍下了这一珍贵的镜头。

猝然,麦考莱发现一只他从来没有见过的巨大青蛙,正在不远处注视着这一对小小的"情蛙",并悄悄逼近。

这只巨蛙突然伸出长长的舌头,一下子将这对正在甜甜蜜蜜做爱的"情蛙"全部吞入腹中。心满意足的巨蛙发出一声得意的鸣叫,声震四周!

没有准备的麦考莱吓得照相机都从手中滑落下来,正好重重打在金色巨蛙的头上。这只巨蛙同样没有"思想准备",一下子呆住了。

麦考莱根据休斯的教训,意识到很可能要惹祸了。可是,珍藏着极其珍贵镜头的照相机是万万不可丢的。他趁着巨蛙的脑子还没有转过弯来的一瞬间,飞速拾起相机,转身就跑。

竟敢在太岁头上动土,这还了得!清醒过来的巨蛙大吼一声,一跃而起,奋力直追。随着这一声吼,浓叶密林间不断地跳出金色的巨蛙,不断地加入追赶的队伍。

为了得到同伴们的救援,麦考莱直奔他们休息的地方,一边跑一边喊叫。当麦考莱跑回时,有的人刚刚醒来,有的则还在梦中。

全队人都被巨蛙包围了,可是,令人惊诧的是巨蛙并没有行动,而是蹲着或趴着,注视着人的一举一动。

第二章 惊心动魄的人与动物之战

这时,一只青色的蛙——一只或许我们在本文中唯一能够称为"青蛙"的巨蛙出现了。它的身体虽然不大,可是头和四肢却非常大。它前肢的3趾巨大,而且古里古怪;头部则显得"瘦骨嶙峋",一副饱经风霜的模样,它的眼睛冷漠,神情威严。

只见它在静静的金色巨蛙群后面来回"踱步",显得格外醒目。它似乎在"思索"着什么。忽然,它发出了一阵低沉的怪声,于是蛙群开始前进了。人们不断地后退,包围圈越缩越小。后来,已经到了无法再退的地步了。

惊心动魄的人蛙决战　这时,这只老怪蛙又一次发出一声怪叫,于是巨蛙的嘴里纷纷喷出一股黏稠的液汁,它粘到人身上,肢体有一种被牢牢黏住的感觉,接着,头昏脑涨、肌肉松弛、全身乏力。这样,等到人的体力大大减弱后,这些巨蛙才扑上来噬咬。

米尔醒悟了,它们就是他新近听说让人毛骨悚然的食人巨蛙!

米尔明白,现在除了不惜代价,杀开血路突围,别无选择!他大喊:"拼命冲出去,否则我们只有死路一条!"

这一声喊,震惊了队员们,它们强振精神,挥舞手中的树枝、木棍、匕首等,向前冲去,杀开了一条血路。在逃跑中,如同惊弓之鸟的考察队的3只手机2只丢失,1只撞坏。这对于急需同总部联络的考察队来说,是一个致命的打击!

人们渐渐地没了力气,逃跑的速度越来越慢。而巨蛙却依然精力不减。米尔下令所有的人都爬上大树,因为他已经感到这种巨大的青蛙既不会爬树,也不可能跳上树。队员们使尽力气上了树。米尔和麦考莱两人一下一下将瞎眼的休斯推上树后,才最后上树。

巨蛙们来到了树下,用力向树上喷汁。可是,热带的大

动物与人类的恩怨情结

树太高,无论它们多么用力,都无法喷到人们身上。大家这才松了口气。米尔命令紧急抢修手机。

巨蛙们也停止了进攻。它们叽里哇啦地叫着,似乎正在商量什么。

这头好像是首领的青色巨蛙却不做声,似乎也在"苦思冥想"。突然,它又发出一阵古怪的叫声。这回巨蛙们来到树下却没有急于喷射,而是像叠罗汉那样,一个个叠起来,越叠越高。

"这真是一个绝妙的主意!"米尔在心中不由得惊叹。

情况万分危机!米尔决定用火攻,他命令折下树枝,用打火机点燃后,再朝下扔向正在不断升高的巨蛙梯队。

这是非常危险的一招,因为稍有不慎,就有可能引起火灾。这不仅会让他们化为灰烬,而且还会造成素有"地球之肺"之称的热带雨林的大损失。不过,不用火攻,他们还有什么"退敌良策"呢?

这一招果然灵,巨蛙们见到火立即逃窜,不小心被火烫着的巨蛙则哇哇乱叫,连滚带爬。其余的见状,纷纷后退,可仍然不肯离去。

总部闻讯大惊,经过紧急商量,决定"双管齐下",采取一套确保探险队员人身安全的措施:一方面向巨蛙喷一种对两栖动物特别有杀伤力的药剂,另一方面派直升机将队员们救出。

他们将决定及时告诉了探险队,探险队员的欢呼声还没有消失,就听到有人惊呼:"血蛙来了!"

人们定睛细看,果然,密林丛中星星点点的火红色越来越多,越来越近。

比变异青蛙更可怕的血蛙 与巨蛙不同,血蛙是一种擅长爬树的蛙种。他们爬上树后,不断地向探险队员接近,

第二章 惊心动魄的人与动物之战

接近……

米尔大惊,命令再用火攻。然而,或许因为火同血蛙身体的颜色相似,所以它们对火并不感到恐惧。而且这么多的血蛙,根本来不及投火,加上乱投肯定会引起火灾。米尔命令停止火攻,可是他们已经别无良策!

在这千钧一发之际,直升飞机的声音越来越近。人们顿时信心大增,进行最后的拼搏。2架直升飞机降临后,机长立即命令探险队员们马上用衣服遮住自己的眼口鼻,随后就向他们的四周喷散药剂,火蛙和巨蛙果然乱窜乱逃。

随即,飞机上迅速放下了悬梯,队员们一个个登上了直升机……

这次考察付出的代价是巨大的:一名队员双目失明,3名队员的手臂和脸部的皮肤溃烂,部分肌肉被巨蛙咬伤。所有的队员都负了伤。

收获最大的要算麦考莱了,他的照相机中保存了非常珍贵的血蛙和巨蛙的照片。

由于这两种奇异的蛙在科研上有特殊的价值,有关部门立即派全副武装的人员进入这片大森林,试图捕捉到一些活的血蛙和巨蛙,可是它们逃得全无踪影。

米尔亲自带领人员,再次沿着上次探险的路搜寻。可是,也只找到了上次杀死的一些血蛙和巨蛙的尸体。

经解剖分析,美国和巴西的专家都否认它们是2种地球上从未发现过的青蛙的说法,认为它们是人类已知的青蛙的变种。

消息经传媒披露后,立即引起轰动 人们普遍关心的问题是:为什么原先可爱的青蛙会变得这样可怕呢?

美国和巴西组成的联合调查组采集了这两种蛙活动区域的水样和大气,分析后认定,这是由于环境恶化造成的,

动物与人类的恩怨情结

科学家们的理由如下:

原先这两种青蛙的生存环境很好。可近年来环境污染严重,目前水中能引起动物变异的有害金属含量惊人,青蛙是非常容易变异的动物,在这样的环境中生存,便不断产生变异。这种变异积累到一定程度就演化为"小变种",而小变种的不断发展就会变成"大变种",这样,青蛙就会变成同原先完全不同的令人胆战心惊的动物了。

美国著名的环境保护家亚伯拉罕·史密斯闻讯,专门发表了谈话,其中这样一段话:如果说几千年来一直被视为绝对不会伤害人类并且是消灭害虫能手的青蛙会变得如此可怕,那么我们有理由相信,倘若环境继续恶化,其他一些原先温顺的动物也会变异成触目惊心的恶魔。

这场惊心动魄的人蛙大战以非常生动的事实说明,人类对环境的污染已经造成了严重的后果。这是一声振聋发聩的警钟。

(《青年月刊》)

2. 心惊肉跳的人蚁大战

人蚁大战的事实说明,世界上最凶残的野兽不是狮子,也不是鳄鱼,而是蚂蚁!

曼怒埃尔市长在办公室里愤怒地和同僚们品味着这句古老的非洲警语,在以往的十来天中,庞大的非洲黑刺蚁群接二连三地毁掉整个农场、村庄、集镇,所到之处,牲畜、粮食都被这些貌似渺小实则威力无比的蚂蚁们吃得净光,现在这股来势汹涌的蚁群正逼近他的城市。

非洲黑刺大腭蚁通常生活在中北非,每隔约两三百年就有一次集团性大爆发,数以千万计的蚂蚁聚集成群、浩浩

第二章 惊心动魄的人与动物之战

荡荡地朝一个方向作长途迁徙。10天以前，塔吉农场在黎明时遭700万只蚂蚁袭击，整个农场片甲无存，近百名园工在睡梦中葬身蚁口，金灿灿的大片良田连麦秸秆都没能留下，拇指般大的蚂蚁疯狂地吞食每一点可以吃的食物，直到蚁群抵到扎伊洛镇时，人们才发现自己已处于成千上万的蚁群的合围之中，一切抵抗都无济于事，一切援救都来不及，扎伊洛镇成了蚂蚁的王国。统治者不再是镇长，密密麻麻的黑刺大腭蚁占领了整个镇子，到处都是人和牲畜的白骨，蚂蚁们贪婪地吃光骨头上的每一丁点肉渣，大约有300多人是驾着拖拉机和大卡车奋力突围才得以逃离。

恐怖的消息传到特兰市，有钱人早已闻风而逃，曼努埃尔市长发誓要消灭这群疯狂的蚂蚁。连日来，一帮专家紧急制定出一个又一个拯救方案，但都因时间急促，或者根本不可行而抛开，曼怒埃尔市长决定引水救城。

成千上万的市民都投入了抗蚁的前线，男女老少不分昼夜，在城外东北角，蚁群必经之路上开挖一道又一道隔离壕，在壕沟周围堆放了大量的灌满柴油的铁桶，两道壕沟之间铺满了草秸秆和棉絮，以防一旦蚁群突破堑壕之后，作二次火攻，隔离壕之后是一道水沟。5天来，全市近两万人拼命开挖而成的一条护城生命线，生死攸关的时刻，谁都知道黑刺大腭的厉害，这种食肉性恶魔可以毁灭整个城市，人们现在是为保卫家园而战。

7天以后的中午，蚁群的先头出现在人们的视野中，井然有序的楔形队列让人们不寒而栗，生物学中早有定论，蚂蚁王国中也有语言交流，严谨而完整的蚂蚁王国体系，组织结构上一点不比人类差，近万只工蚁担当先锋，兵蚁是主力，蚁后居中，两翼是最强劲的食肉成蚁，弱小瘦老的蚂蚁位于最后，浩浩荡荡，绵延近两公里。

动物与人类的恩怨情结

曼努埃尔亲自指挥这场战役,成桶成桶的柴油倒入壕沟中。当先锋工黑蚁抵达壕沟前沿时,人们开始放火,熊熊的大火冲天而起,浓烈的柴油味弥漫在空中,仿佛天空也在燃烧。但是对于蚂蚁而言,损失却极其微小。只有几千只最前沿的黑蚁被火吞噬,大队蚁群在火壕沟前数十米驻足不前,保持着整齐的队形,极有耐心地和人对峙着,在凶猛的火势面前,它们也是无能为力的弱者,大火渐渐熄灭,十几桶柴油燃烧了半个多小时,土地炙热无比,但蚂蚁队伍又开始冲锋了。

最前方的蚁队由于受不了滚烫大地的熏烤,成堆成堆地被烫死,但是庞大的后继部队踏在同类的尸体上,前赴后继、奋不顾身地快速往前推进,曼努埃尔的第一道防线被突破了。成千上万只蚂蚁不顾死活地闯入了人们早已为它们设下的火药阵,"继续用火烧死它们",几十个敢死队员开着数量卡车冲进了蚂蚁群,近500米范围内到处都是易燃易爆品,他们诱蚁深入,准备在此一举歼灭蚁群。

强劲的卡车冲进蚁群之后,车辙印里全是蚂蚁的尸体,车轮卷起的尘埃和着蚂蚁的残骸到处飞扬,可是不幸的事情依然发生了,一辆卡车突然熄火,几万只杀红眼的蚂蚁一下子涌了上来,在很短时间内就占领整部卡车,带毒刺的大腭凶狠地咬住人的手、脚、颈,浓烈的蚁酸和蚁毒注入人体,然后聚起而食之,在惨烈的嚎叫声里,10多名敢死队员被活活地吃掉。不到5分钟,卡车上就只剩下一堆堆沾着血渍的白骨。但是整个计划还是顺利的,其他人顺利完成了点火的任务,由远到近,火海笼罩着这片人蚁大战的土地,成百上千万只恶毒凶残的食肉蚁被大火烧成粉灰;浓烈的恶臭味道让百米外的人都感到极度的恶心。大家此时似乎忘记了刚才的悲壮和恐怖,望着眼前的情景,欢呼跳跃,看来

第二章 惊心动魄的人与动物之战

胜利在望。但是谁也没有留意到,在火阵的两翼最弱处,两股黑刺食肉蚁正急速而坚强地穿越了火线,虽然它们付出了极其惨重的代价,但主力部队丝毫无损,兵分两路,在不知不觉中又一次突破了人类精心策划的第二道防线,以至于曼努埃尔市长下令后撤,甚至连最后一道隔离火沟都没来得及启用,蚂蚁们来得太突然了,大家只顾及了正面战区,两侧根本没有设防。这种蚂蚁真是恶毒的精灵,它们在步步紧逼迫近特兰市,现在曼努埃尔市长仅有最后一道水沟,他的城市危在旦夕。

　　半个多小时后,大队蚁群抵达水沟边,近十米宽的护城河仿佛成了蚂蚁们难以逾越的天堑,青尼罗河水被引到这里隔阻凶猛的蚂蚁,一边是充满恐惧的人,一边是充满杀人气的蚁,双方相持着,谁也不知道下一步该干什么。突然,蚂蚁开始汇集,一簇一簇在水沟边聚集。人们惊呆了,传说中蚂蚁可以渡河,这回看得真真切切,数千只蚂蚁团成一个球,滚动着向前漂移,蚁团抱得很紧,最外缘的蚂蚁注定要被淹死,但在内侧球心部位的蚂蚁却一点沾不到水,到达彼岸之后,蚁团散开,照样可以冲锋。几千万只蚂蚁一下子团成几千个滚动的蚁球,从水沟的一侧开始渡河,水面上布满了大大小小的黑灰色的蚁团,随波漂动,缓缓向前,对岸许多人充满恐惧。他们亲耳听说过这种食人蚁的残暴,亲眼目睹了它们是怎样吃人的,很多人不战而退,飞奔地逃往市内准备逃跑,只剩下几百个坚强的人,用各种各样原始的武器,在岸边抵挡着蚂蚁的进攻,但是寡不敌众,有几十个蚁团已经成功地强渡过河,河沟里的蚁团也离岸越来越近,曼努埃尔市长几乎绝望了,人蚁大战的结局照这样下去,他是必输无疑、死定了。此时此刻,仅剩唯一的选择:炸掉水坝,让青尼罗河水库的水一泻千里地冲下来,这样才能从根本

上消灭蚁群。但同时带来的损失也是巨大的,他们将长期地丧失电能,城市附近的上千公顷丰收在望的庄稼将颗粒无收。

强渡过河的蚂蚁越来越多,很多坚持抵抗的人也快要坚持不住了,他们用木棒砸碎水中的蚁团,但没料到有蚂蚁竟顺着木棒爬了上来,在手掌上胳膊上毫不客气地撕咬。转眼间,估计已有一千多万只蚂蚁已经在岸边聚集、编队,形势极其险峻!

"炸坝!"曼努埃尔此时没有任何选择,他亲自驾车疾驰,在大坝的控制室,开动了自毁系统,所有人都撤离了,但他却一个人静静地坐在大坝上。

一个小时,强大的河水汹涌咆哮而至,几千万只蚂蚁被洪水冲得荡然无存,几十平方公里之内变成一片汪洋,渺小而凶恶的蚂蚁再没有能力聚集成群,绝大多数都被淹死,特兰市民们渡过了一场浩劫,虽然他们失去了电灯,失去了水坝,失去了庄稼,失去了一位尊敬的市长,但他们消灭了蚂蚁群,保住了城市。

人蚁大战的残酷较量,蚂蚁没有赢,人也没有输!

(红园 编译)

3. 罕见的人鲨之战

(一)

夏天,坐落在美国海滨的美丽小城艾米蒂热闹非凡,从世界各地赶来的游客都仰慕这里的海滨浴场。

一天,艾米蒂的警察局长布劳迪接到海滨浴场管理人员打来的电话,他气急败坏地报告说:"局长,刚刚有一位妇女在浴场让鲨鱼吃了,请你马上……"

第二章 惊心动魄的人与动物之战

布劳迪急忙驱车来到市政府,向市长汇报了这件事,并说为了游客的安全,要下令立即关闭海滨浴场。市长说,如果关闭海滨浴场,各地游客便不会再来旅游,艾米蒂的经济会受损失。

但布劳迪坚持说他不愿看到鲨鱼吃人,说法律赋予他职责,必要时他可能采取紧急行动,关闭海滨浴场。但市长威胁他说,如果一意孤行,要破坏艾米蒂市的经济,就撤他的职。

布劳迪想了想,自己倒不是怕被撤职,实在是旅游者的人数会影响到艾米蒂的经济,何况,鲨鱼不见得永远会留在那个海域,它应该会离开的。于是他回到警察局,只是派人对浴场加强了警戒,海滨浴场则照常开放。游客随着天气的炎热一天比一天增多,几天过去了,平安无事。布劳迪暗自庆幸自己没有下令关闭海滨浴场,不然肯定会造成经济损失。

但第五天一早,他又接到海滨浴场的电话:那条大白鲨鱼又出现了,并且咬死了一个小孩。这可怕的消息一下子又使布劳迪惊呆了,他觉得自己失职。

这时,一个满面泪痕的妇女冲进了警察局,哭天喊地地指着布劳迪大骂:"你这个刽子手,你杀了我的儿子,你赔我儿子!……"骂着骂着还冲向布劳迪,旁边的人赶紧拉住了这个女人。布劳迪这会儿再也不顾市长的禁令,大声下令:"马上关闭海滨浴场!"

(二)

海滨浴场关闭后,来艾米蒂的游客马上离开了一大半,艾米蒂城冷静了许多:没有了游客,商店没有了顾客,许多商店贴出广告,宣布商品大减价;酒吧及其他娱乐场所也空空荡荡,城里人心慌慌。

动物与人类的恩怨情结

布劳迪在这大危机面前,表现得异乎寻常冷静,他认为唯一能解除艾米蒂城危机的办法是除掉鲨鱼。他找到鱼类学家胡珀,请他想办法。胡珀介绍他认识了一个叫昆特的捕鲨能手。昆特表示愿意协助他们除掉鲨鱼。第二天早上,他们三人坐船来到鲨鱼经常出没的海域,放下专门捕获鲨鱼的钩绳。没一会工夫,只见钩绳突然绷得紧紧的,拉也拉不动。昆特再一扯竟不费力,原来粗大的钩绳被咬断了。

又过了一会儿,听到一阵压抑的咕噜声,布劳迪赶紧回头一看,失声大叫起来:"我的天呀!"大家扭头望去,只见船尾靠近右舷的水面上露出一条巨大的白鲨鱼,溜滑的腰身,尖硬的头颅,狰狞锐利的牙齿……布劳迪三人都吓呆了,他们从未曾见过如此凶猛硕大的白鲨鱼。那鲨鱼也并不怕他们,在右舷边沉沉浮浮,似乎在戏弄着这三位有些晕的人。一分钟后,昆特醒过来了,他叫道:"快,快拿钢叉来!"布劳迪待在一边还未反应过来,只见那条鲨鱼轻捷地一滑,就毫无声息地潜水不见了。

胡珀显得无比激动,他亲眼目睹了这条前所未见的大白鲨,真是再幸运不过了。而昆特这个以捕鲨为生的壮年汉子却恨恨地说:"我们碰到了一个白色的死神!"布劳迪暗暗发誓:一定要为死者复仇!一定要除掉这白鲨,重开海滨浴场,使艾米蒂重新繁荣起来。

第二天,胡珀弄来了一个防鲨笼,准备下次发现大白鲨时,自己钻进防鲨笼拍几张照片日后研究。但昆特却极力反对,说它只能防一般的鲨鱼,决不能防这条凶悍的大白鲨。胡珀却说:"我决不放弃这个千载难逢的机会。"

昆特把船开到昨天遇到鲨鱼的海面,这天鲨鱼仿佛要应战似的,不一会儿就钻了出来。但它不肯走近船舷,只在相距30来米处围着船绕圈子,昆特和布劳迪气得直跺脚。

第二章 惊心动魄的人与动物之战

　　胡珀说只能钻进防鲨笼里沉下水中引它过来。昆特尽管极力反对,但胡珀已拿着摄影机和潜水枪钻入了防鲨笼。胡珀刚潜入水中,那头凶狠的大白鲨就朝着笼子迅猛地冲扑过来。胡珀仗着防鲨笼想拍照,谁料相机还未举起来,大白鲨已把尖硬的鼻子插进防鲨笼,防鲨笼根本防不了这条大白鲨,他不禁狠狠地诅咒那个设计这防鲨笼的人。为了逃命,慌忙之中他打开了防鲨笼的应急出口,拼命冲了出去。

　　可惜太晚了,就在他刚要游开的一刹那间,大白鲨喷起了一股白浪,猛地直蹿过来,用尖利的牙齿把胡珀拦腰咬住,像对捕鲨船示威似的,叼着胡珀绕着船游了一圈,然后几下就把胡珀撕碎,布劳迪在岸上看得心惊肉跳。

　　昆特连忙举起鱼叉,奋力朝大白鲨投掷过去,布劳迪也赶紧扳动机枪。但大白鲨赶在鱼叉和子弹飞到之前又倏然潜入水中了。海面马上变得平静,胡珀的血染红了海水。

　　此情此景,不禁使布劳迪长叹一声说:"这条该死的大白鲨,实在太难对付了!"

　　昆特却大睁着血红的双眼,咬牙切齿地朝着大海呼喊:"我一定要把它除掉!"

(三)

　　过了一会儿,正当他俩想开船回去时,船突然猛烈地摇晃起来,布劳迪差点摔倒在甲板上。他赶忙扶住船帮,扭头一看,但见那条大白鲨正张开大口咬住船板,头部不住地猛烈摇动,海水在它的闹腾中激起高高的浪花。整条船猛烈地倾斜着,形势万分危急,布劳迪惊恐地睁大眼睛,等待着灾难的降临。

　　昆特这时简直顾不得害怕,这个和大海搏斗了一生的汉子,从来就把海洋作为自己的战场,他捕获过多条鲨鱼,

动物与人类的恩怨情结

是这一带著名的捕鲨能手,可他根本想不到会出现这么凶狠的大白鲨,他感到不能制服这条大白鲨是自己的耻辱……现在,他要复仇,他要亲手宰了这条该死的鲨鱼……他脖颈上粗大的青筋暴跳着,扬起鱼叉对白鲨高声喝道:"来吧,畜生,咱们来比试一下高低!"

大白鲨仿佛在冥冥中感受到了昆特的挑战,停止了啃咬船板,接着,一个漂亮的翻身,在船尾处整个儿活脱脱地跃出水面。它根本不理昆特那高高扬起的鱼叉,仿佛要显示自己是常胜将军,箭一般地朝着昆特直冲过来。

昆特用尽全力,向这条不可一世的白鲨掷出了鱼叉。

大白鲨这回失算了,它这一辈子也未曾领教过鱼叉的厉害。直到它身上让鱼叉狠狠地穿了一个洞,这才匆匆沉入水中,把鱼叉绳索以及浮筒也带入了水中。

布劳迪和昆特站在船上,清楚地听到鲨鱼"嘎吱嘎吱"的咬嚼声。好似在做垂死挣扎。布劳迪满心欢喜,拍了拍昆特的肩膀说:"你真不愧是捕鲨能手。这该死的东西要见阎王还非你不行啊!"

昆特也很得意,对布劳迪说:"先生,不是我夸口,我闯荡大海几十年,什么样的鲨鱼没征服过,还怕这条区区鲨鱼?"

两个小时后,船底安静了,昆特估计大白鲨死了,于是便想用绞盘机慢慢把鲨鱼拖上来。绞盘机没动几下,昆特大惊失色地喊道:"呀!这狗杂种还没死,它又上来了!"说完,急匆匆地要跑去开船避开。可是已经来不及了。大白鲨已经跃出了海面,"轰"的一声落在了船尾侧,大嘴狂张着,露出锐利的牙齿,一副凶神恶煞的样子,背上还插着昆特刺向它的那支鱼叉。

这时船猛地翘了起来,昆特在奔跑中不小心跌了一跤,

第二章 惊心动魄的人与动物之战

被鱼叉绳索绞缠拖下了海。大白鲨这时也从船上顺势滚下海,直奔昆特。虽然昆特拼命躲闪着,可还是难逃厄运,大白鲨一口咬住他的大腿,硬是把他拖入大海深处。

布劳迪惊愕之时想跳水去救昆特,其实他心里也明白,这无异于自投罗网。他听到水里传来的啃咬声,又看见周围的海水被鲜血染红。这是昆特的鲜血啊!布劳迪内心悲痛万分,不过半天时间,两个活生生的人竟在他的眼皮底下被鲨鱼咬死。这一刻,他内心的恐惧消失了,复仇的火焰使他浑身颤抖,他晓得大白鲨马上就要浮出海面,并会冲着自己而来。情急之中,他突然看见不远处有块礁石,海底伸出的一条电缆横跨礁石后又伸入海里。布劳迪心中一阵惊喜,剿灭大白鲨的机会来了。他连忙游到礁石旁,用礁石块不住地敲击礁石上的电缆。

这时,白鲨吃了昆特又浮上水面,它两眼闪着凶光,尾巴剧烈摆动,一见布劳迪便张开巨口,直朝礁石猛扑过来。

布劳迪见状,用石块使劲敲击电缆发出响声,大白鲨受到了戏弄,愤怒无比,闪电般地游近礁石,用嘴狠狠地咬住电缆,布劳迪趁此机会跳进海里。电缆被白鲨尖利的巨齿咬穿了,瞬间,耀眼的电火花从破裂的电缆中闪射出来,骄横的大白鲨被高压电击中毙命。

(四)

布劳迪深深地出了一口气,但望着侧转身子慢慢下沉的大白鲨,心里一点也没有胜利的喜悦——身为警察局长,没有保护好两个同伴,竟使他们在自己的眼皮下被大白鲨咬死,代价实在太大了。

随着人鲨大战的结束,大海又变得沉静了。布劳迪望着远处的灯塔,辨了辨方面,长出一口气,用力朝海岸游去。

(子云)

动物与人类的恩怨情结

4. 夜战母狮

单身一人,又无武器,他与这头饥饿、疯狂的猛兽从黄昏搏斗到天亮。

艾尔法斯·姆邦格拉今年37岁,善干族人。他带了年轻的妻子维娜来看管克鲁格尔国家公园附近"马拉马拉"狩猎保留地。艾尔法斯在这狩猎保留地担任追猎手已数年,他喜欢这个地方,也喜爱这个工作。

黄昏时分,艾尔法斯走进草屋,他心爱的维娜正跪在外面地上生火。那天是3月21日,黄昏的凉风习习,艾尔法斯觉得很愉快、幸福。

他没注意到驻地笼罩着令人毛骨悚然的寂静。20米外的金合欢丛中蹲伏着一头母狮,黄亮的双眼目不转睛地盯着弯腰烧火的维娜。母狮双耳下垂,腹部擦地,从深草丛中一步步匍匐潜行。突然它猛窜过来,用它160公斤的躯体扑向维娜。母狮和维娜一起滚在地上,维娜狂喊。艾尔法斯冲出户外,又快步跑回草屋拿起一根扫帚棍,向狮子冲去,他用扫帚棍挥击狮子的脑袋,可是它闪开了,只击中肩

第二章 惊心动魄的人与动物之战

膀,喀嚓一声扫帚棍打成两段。狮子吃了一惊,怒吼着放下维娜跑开了。

艾尔法斯因为用力过猛,失去平衡,也跌倒地上。维娜拖着皮开肉绽的身躯爬过他膝部,躲向比较安全的草屋。母狮绕了一圈又向他们扑来,艾尔法斯跃起用断棍再打过去,又打中母狮的肩,棍则震飞掉,母狮回身跑入草丛。

艾尔法斯一步一步退回茅舍,母狮又从草丛里扑了出来。艾尔法斯随手抓起墙边一些玻璃瓶扔过去,它还是扑过来。艾尔法斯再把一张小木凳扔过去,击中母狮的脸。它再次后退。"可别让它进来啊!"维娜在草屋里惊喊,"别让它咬死我!"

艾尔法斯关上芦苇做的小门,插上拴,在草屋里找武器。他看见一件厚大衣、一张泡沫乳胶床垫,维娜已经躲在下面,还有一个睡袋、几床毛毯和衣服,又看见地上有根一米长的铁管。他把铁管拿起来,回头一看,母狮庞大的躯体使劲从门顶一个小洞挤进来。他挥动铁管打去,母狮往后缩,铁管打在门上,把门框打裂了。

"我是不是死了?"维娜问。

"你死不了,"艾尔法斯说,"有我保护你。"外面有根树枝啪的一声断了,艾尔法斯从窗口望出去,母狮在来回走动,嗅闻它爪上染着的血。

艾尔法斯跪下来,"恩库鲁库鲁,保佑我们,"他祷告说。他的祈祷盖不过他23岁的妻子躺在血泊中呻吟的声。可是在祷告之后,艾尔法斯觉得全身充满了力量。

艾尔法斯摸索点着了煤油灯,屋里灯光闪烁,明亮起来,他手臂和卡其裤上的血已结成干块。

"我替你把伤口洗干净。"他低声对维娜说。他找了些柴和干草生了个小火,然后把上面较清洁的水小心倒入一

个罐子,放在火上烧。

艾尔法斯把热水倒在一块浸过盐的布上,滴入维娜的伤口,用强壮的手搂着维娜,轻轻摇着她。

静了一段时间,然后从窗口望出去,母狮赫然蹲伏在窗下。艾尔法斯本能地往后一跳,母狮正好蹿上来——离他的脸只差几厘米。艾尔法斯抓起一条烧着的棍,向狮子的巨嘴插进去。火花四溅,狮子痛得吼着跑了。

艾尔法斯知道母狮会回来。"连火都不怕,这到底是什么恶兽?"他觉得奇怪。

过了一个钟头,又一个钟头。母狮是睡着了?还是蹲在外面等着?

他在床垫上找到一把很重的非洲刀——潘加刀。他用刀在泥墙上挖出踏脚洞,然后爬上去,在草屋顶开了个洞口。他扶维娜爬上去,把她的脚放在墙洞上,推她上洞口。

他自己也爬了上去,爬到屋顶的最高处,挖开草屋顶。

曙光初放时,艾尔法斯隐约看见母狮在离茅舍约6米远的地方,注视着草屋。维娜轻声呻吟,要赶快找医生给她治疗,不然就会死。可是最近的医疗所是在东面8公里的伦德罗兹,那里是个小狩猎营。

艾尔法斯向下面望,母狮像鬼影般消失了。他知道它一定还会回来,大概9点钟的时候,它真回来了。艾尔法斯拿一根棍向它掷去,打中它头上方一根树枝。狮子向屋顶望望,然后漫漫走了。艾尔法斯相信现在有一段安全的时间,就对维娜说:"我们赶快走。"

他们经过18小时的艰难行走,终于跌跌撞撞到达伦德罗兹。艾尔法斯几乎说不出话来,维娜昏了过去,他们在医院里住了三个星期。

(艾　徐)

第二章 惊心动魄的人与动物之战

5. 独斗美洲虎

丛林越来越密了,我踏上了一条稍宽的路,突然,马死一般地僵立着,无论我如何驱打,都无济于事。一块巨大的黄黑色阴影出现在眼前。那裸露的利牙,凶恶的眼睛,以及遍布四肢的红斑点,进入我的视野。

是一只美洲虎,它凶猛地咆哮着,马在狂乱地挣扎,前腿腾空,后腿直立起来,接着便摔倒了,我的腿摔伤了,我艰难地站起来。

美洲虎要向我们进攻了,我的步枪掉在离我 6 英尺远的地方,已被马踩坏了。我摸了摸腰间,猎刀仍在刀鞘里,

动物与人类的恩怨情结

我猛地把它拔出来。仅凭4英寸长的刀刃,要抵挡一头200磅重的美洲虎很困难。我只能静躺着,等待着老虎的攻击。这时,马突然一跃而起,嘶叫着冲入了密林,只剩下我自己,美洲虎该向我进攻了。

空荡的路上仅我一人,美洲虎猛地向我扑来,它跃起6英尺高。我能看见它裸露的黄牙,大而圆的脑袋,紧贴颅骨的双耳,甚至看清了土著人打它给它留下的叉伤血痕。

老虎咬住了我的胳膊,把我扑倒,我高声咒骂着,用刀向老虎的腹部猛刺。老虎咬断了我的胳膊,鲜血直流。我已感觉不到疼痛,我的双腿也在流血,我的右手用刀向美洲虎坚定地刺着,刀身刺进抖动的毛皮,拔出来,刺进去,一次又一次,我记不清究竟刺了多少次。

丛林渐渐变黑,树影变长了,太阳快下山了。我感到十分疲乏,美洲虎压在我身上,我渐渐意识到,那抓着我腿的爪子已无力地松开了,可我的右手还在用力刺着,我用力把虎推开,它滚在一边。我静静地躺着,全身都是血。美洲虎已经死了。

(《青年月刊》)

6. 惊闻吃人鳄

吃人鳄,就是动物王国里大名鼎鼎的湾鳄,它体重超过一吨,比老虎大三倍,论凶恶也胜过老虎。这种巨大的吃人鳄,主要生活在澳大利亚北部沼泽地区。

四起轰动全国的鳄吃人事件　澳大利亚有一家报纸,详细介绍4起"鳄吃人"事件。

第一起是一只渔船被一条4.5米长的吃人鳄咬了两个大洞,水不断往船里流,船快沉了,一位女渔民见势不妙,跳

第二章 惊心动魄的人与动物之战

水试图向停泊在附近的一艘小快艇游去。就在这时,吃人鳄一口咬住她的左脚,并竭力往水底拉,这个女渔民连喊一声"救命"都来不及,就一命呜呼了。

第二起是一只独木舟在吃人鳄出没的地方航行时,被一条大约700公斤重的吃人鳄顶翻了。舟上的一家三口,全部成了吃人鳄的腹中之物,惨极了。

第三起是一位中年男子在麦克阿瑟河游泳时,竟被几条吃人鳄"你一口,我一口"瓜分了,最后只剩下血淋淋的半条腿被他的哥哥带回家。

第四起是一个妇女在北昆士兰的因特里河畔观光,一条吃人鳄竟杀气腾腾地冲上岸来,活活地将她"绑架"入水,仅留下一条被撕碎的花裙作为吃人的罪证。

弱女战胜吃人鳄 在澳大利亚北部,有一个湖,虽然水质清澈、水草翠绿、景色迷人,但由于生活着一种吃人鳄,一些游客、渔民常遭其害,因而来人逐渐减少。

有一对恋人,男的叫格雷厄姆,女的叫曼,他俩胆大出众,抱着刺激感,决定到巨鳄出没之地作一次冒险旅行。

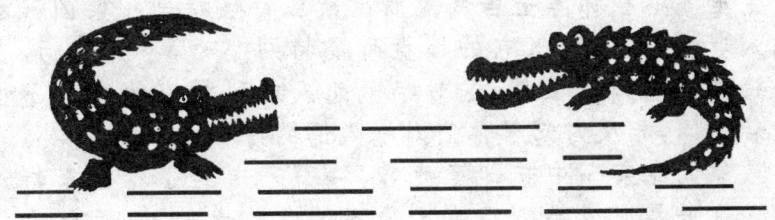

清晨,他俩来到这个湖的堤岸,边说、边笑、边看,毫无提防之意。曼说:"听人讲,这里的巨鳄就是动物界赫赫有名的湾鳄,体重可达一吨!"格雷厄姆接着说:"我不怕,我倒要看看这个家伙到底有多厉害。"

真没料到,狡猾的巨鳄为了寻求美餐,常常一动也不动

动物与人类的恩怨情结

地待在岸旁水草丛中,他俩正好走到巨鳄旁,取出相机准备拍照留念。巨鳄在下,他俩在上,刹那间,巨鳄飞起铁臂似的大尾巴,将格雷厄姆打入水里,把他拖入水中。

正当巨鳄张开血盆大口,露出尖利牙齿要吞食格雷厄姆的千钧一发之际,曼骤然急中生智,从堤岸向下猛扑在巨鳄身上。此刻,巨鳄对这突然而来的打击,似乎感到有点惊慌,摔掉曼和格雷格姆,慌忙逃走了。曼用足力气,将格雷厄姆拖上岸来。曼暗暗想:总算好,巨鳄没有再作第二次袭击。

巨鳄的尾力极大,常常可以将一只饮水的牛或马击倒在地,格雷厄姆被鳄一击,不但左臂碎裂流血,还受了内伤,失去知觉。幸亏还好,经医院及时治疗后脱离了危险。

伊丽莎白女王得知这一消息,对曼的"弱女冒死救人"事迹赞叹不已,授予她"英雄"称号。

替女友报仇　1987年春天,贝里尔·沃克和她的男朋友到北昆士兰沼泽旅游,不知不觉地闯入了一条名叫"斯威特哈特"老吃人鳄的地盘。在当地考察的悉尼大学生物学家劳里·塔普林博士告诫他俩:"斯威特哈特是一条凶残的吃人老鳄,你们进入它的地盘可要特别小心,不然的话,它会将你们吃掉。"但是,这对年轻恋人对科学家的忠告不但置若罔闻,相反勾起了他们对吃人鳄的好奇心。

他俩在亲昵中忘却了疲劳,一下子走到了特因里特河畔。这里是斯威特哈特吃人最多的危险之地,可是他们却毫不在意,聚精会神地欣赏这沼泽景观。说来离奇,这条老吃人鳄出手真快,一刹那就将沃克从河边拖入水中,连并肩站着的沃克男朋友都没有发觉,他还一本正经在同沃克说话呢!

几秒钟过后,沃克的男朋友发觉没有沃克的对话声,侧

第二章 惊心动魄的人与动物之战

头一看大吃一惊,猜想沃克已被这条老吃人鳄拖下水了。他急忙往河里寻找,只见老吃人鳄嘴里叼着一只人脚,粗大的尾巴在微微挥动,显出一副洋洋得意的模样,慢慢地游走了。此刻,他心痛至极,昏迷过去。

一会,沃克的男朋友终于苏醒过来,一面悔恨自己起初不听科学家的忠告,一面决心要为自己的女友报仇。他花了重金,雇用当地身强力壮的十来个居民,将特因里特河中发现的吃人鳄统统杀尽。在几个星期里,共捕杀了5条吃人鳄。沃克的男朋友自信,真的"杀人犯"必在其中。

一场惊心动魄的搏斗 不久前,两个青年牧人在澳大利亚北部的一个沼泽地区放牧。当一头水牛在饮水时,突然从水中蹿出一条大吃人鳄,用它粗壮的两条前肢,紧紧地抓住牛的头部,使劲拖入水中,然后竭力左右摇晃,使其失去平衡,倒了下去。

水牛命在旦夕,一个牧人急中生智,立即跳到吃人鳄的头顶上,使它不得不稍稍放松前肢,使水牛脱险起身。可没料到,吃人鳄用力一顶,将牧牛人甩在一旁。另一个牧牛人见此险境,急忙向吃人鳄扑下去,并使出全部力气,两手牢牢地抱住吃人鳄的嘴巴不放,希望能一下子将它闷死。

吃人鳄要想吞食,但又无法张口,正准备用尾巴袭击他时,却被第一个牧牛人一眼识破,他立即用胸部压住它的尾巴,并用双手紧紧夹住。那吃人鳄几次挥动尾巴,由于负荷过重,无力达到目的。此刻,吃人鳄体力下降,呼吸困难,最后终于在两个牧牛人的打击下窒息而死。

吃人鳄落网 澳大利亚鳄类专家格雷厄姆·韦伯在野外考察吃人鳄时,听当地居民说,这里有一条缺了一段尾巴的巨大吃人鳄,估计有一吨重,它生性凶猛,已害过6条人命,罪恶累累,可是我们没有办法消灭它。

动物与人类的恩怨情结

　　韦伯听后,提了一个建议。对付这么巨大、凶恶的吃人鳄,硬拼是十分危险的,可以专门制作一顶用粗尼龙绳编结的捕鳄网,一旦发现,就用网套住它,然后将它拖上陆地处死。

　　鳄网制成后,韦伯带领10多个壮士四出寻找这个"刽子手"。一天、两天过去了,没有见到它的踪影。到了第三天中午,其中一个壮士发现一条大小与缺尾吃人鳄差不多的巨鳄待在水面不动,可拿不准是否就是它。因为它的尾部全被水草遮住了。于是,韦伯设法弄来一条大约3斤重的鱼,丢在它头前约2米处。鳄一见是鱼,立即冲去捕食,缺尾就现了原形。在它正要吞鱼之刻,4个壮士眼明手快,把捕鳄网撒在身上,将网收紧,把这个"刽子手"逮住了。其他几个壮士也来帮忙,一起将它拖到岸上。

　　一心想为民报仇除害的壮士们,见到"刽子手"已经落网,真是大快人心,个个希望立即将它剁成肉酱。正在壮士们准备动手时,韦伯提出:这个"刽子手"就交给我来处理吧,让我带回它,放在养鳄实验池里"考验"它,给它一次"重新做人"的机会,如果它改邪归正,不再吃人了,我就让它继续活下去,否则的话,再处死它。壮士们听了觉得也好,一起把它装上汽车,运往鳄实验池。

7. 非洲鳄奇闻

　　120岁的鳄鱼　　一个假日,我们参观了中非共和国博冈达博物馆,看到一只罕见的非洲鳄鱼标本,它身长4米,宽1.5米,整整占了一个大房间,令人望而生畏。

　　"这条鳄鱼是在它120岁时被捕获的。"馆长向我们介绍。

第二章 惊心动魄的人与动物之战

"120岁?"

"你们怎么知道它的年龄?"

馆长的介绍引起了我们的极大兴趣,连连提问。

鳄鱼有一种很奇怪的习性,它每年都要吞下一块卵石而不排出体外。只要剖开鳄鱼的肚子,看看里面有多少块卵石,就可以推测出它的年龄。我们在制作这条鳄鱼标本时,从它的肚中取出了120块卵石。因此,知道它活了120岁。

墓地奇遇　一天傍晚,我和翻译沿着农业站南面的林间小道散步,路旁古木参天,奇花怒放。

大约走了2里多路,到达一块墓地。我们看见一个黑人,怀抱一条10多斤重的小鳄鱼面对墓碑念念有词,像在专心祈祷,连我们的到来都没有察觉。那鳄鱼像听话的小孩,依偎在他怀里,一动不动。我们被眼前情景惊呆了。祈祷毕,他用手轻轻地抚摸鳄鱼的头,热情地和我们打招呼。

"这是我父母亲的坟墓。"他指着身旁的两座墓说。

"这条鳄鱼,我花了2万西非法郎,从猎人那里买来,因为鳄鱼长寿,我们中非人把它作为崇拜的偶像,我父母去世五六年了,我特地买了这条鳄鱼,向祖宗祈祷,祖宗的灵魂会依附在鳄鱼身上,永世长存。这是对祖宗最大的孝敬,祖宗的灵魂就会保佑子孙平安无事,兴旺发达。"说完,他将怀里的鳄鱼放在父母的坟前,口中念念有词。那鳄鱼呆了一下,很快钻入原始丛林中去了。

"它,还会回来吗?"我们问。

"它永远生活在墓的周围,陪伴着我的父母。"他非常肯定的告诉我们。

莱塞河畔观鳄斗　我们从中非首都班吉市回来,车行至驻地附近的莱塞河畔时,司机突然来了个急刹车,把我们

动物与人类的恩怨情结

从瞌睡中惊醒。

一看,前面莱塞桥上挤满了人,发出阵阵喝彩声。

"是洗礼仪式?"

"是游泳比赛?"

我们怀着好奇心下了车,使了好大的劲,才挤到了人群里面。只见往日宁静的河面上波涛滚滚,七八条鳄鱼正在大动干戈,互相攻击。它们时而浮出水面,时而潜入水底。时而咬住对方的尾巴,死死不放;时而相互咬住头部,横冲直撞,欲置对方于死地。伤口流出了殷红的鲜血,河水被染红了,真是一场惊心动魄的生死搏斗。

身旁的一位老人热情地告诉我们:

"平时,鳄鱼性情温顺,是我们最喜爱的动物。这鳄鱼是卵生动物,卵不大。那破壳而出的小鳄鱼非常惹人喜爱,你们大概没有见过吧?"

"没见过。"

"可它一到了交配季节,脾气就变得凶暴了。雄鳄鱼为了争夺'情人',经常斗殴,打得头破血流。"

"你看,中间那条是雌鳄鱼,雄鳄鱼都围着它转,个个都想当'丈夫'。这场搏斗已经持续一个多小时了,还是难分胜负。"

原来,鳄鱼还有这样古怪的习性。

搏斗仍在继续,那些弱者实在无力支持,遍体鳞伤,悄悄地溜走了。最后留下的胜利者——最善于搏斗的雄鳄,又变得无比温顺,紧紧地依偎在雌鳄身傍,慢悠悠地游入密林深处,度"蜜月"去了。

古井猎鳄 天渐渐地黑了,我们专家组饲养的棕毛狗——阿里仍没有回来。两天、三天、四天过去了,棕毛狗仍然杳无音讯。第五天上午,一个肩背猎枪的人,满头大

第二章 惊心动魄的人与动物之战

汗,匆匆来到农业站,告诉我们他发现了这条狗的踪迹。于是,我们跟随热心肠的猎人进了荆棘丛生的林间。

"不远了,就在那棵木棉树下。"猎人指着一棵大树说。

我们不顾一切地从灌木丛中钻了过去。高大的木棉树下有一口古井,里面传出狗的叫声。井口盖满了野草,用手电筒一照,狗正钻在井底的水中,绝望地叫着。

这井约有20米深,四壁光溜溜的,无法下去,怎么办?

翻译急中生智,将绳头打了个活扣放下去。

"阿里,进去!"

"阿里,进去!"

聪明的阿里领会了我们的意图,将头伸进绳圈,又把脚伸了进去……经过几番周折,狗被救上来了,它狼吞虎咽地吃着我们带来的面包。

四个面包很快吃光了。突然,棕毛狗挣扎着站起来,汪汪地叫着扑向井口。

"难道井里还有什么东西?"

狗的行动提醒了我们,再用手电筒照着,果然井里还有一个东西在游动。

"蟒蛇",猎人叫着,举起猎枪,"砰!"的一声,井底那个动物在水面转了几圈不动了。

猎人刚才因怕狗咬不敢下井,现在,他把绳子捆在自己的身上,让我们拉住绳子一头,他下到井里,待他看清楚不是蛇而是一条鳄鱼时,不禁连连后悔地说:"我不该伤害它!我不该伤害它!"中非人视鳄鱼为吉祥物,人们从不伤害它。

原来,阿里是在追捕鳄鱼时,不慎一起与鳄鱼落入古井。也许,落入古井后,它们都意识到处境危险,就和平相处了。

回到驻地后,我们请猎人吃了中午饭,还送给他一些药

品。

"万斯博古！万斯博古！"(非常感谢！)

猎人高兴地收下了药品，但他一定要将鳄鱼留给我，我们只好收下。

猎人拿出锋利的小刀，剖开了鳄鱼的肚子，真的从肚子里取出十四块圆滚滚的卵石。这时，我们相信博冈达博物馆馆长的介绍是真的了。

夜晚，驻地厨师给大家做了清蒸鳄鱼和红烧鳄鱼。鳄鱼全身都是瘦肉，肉质细嫩，鲜美可口，是任何鱼都无法比拟的，连那满身皱纹的鳄鱼皮也嫩极了，呈胶质状，吃起来和甲鱼盖边一样。据说，鳄鱼肉是高蛋白鱼类，其营养价值极高。

(刘梦熊)

8. 捕捉海豹

海豹是一种生活在低寒海域中的两栖哺乳动物。它那豹纹般美丽柔软的皮毛，一直被人们视为裘皮上品，豹肉可食可用，脂肪可炼油，肾可做名贵药材它那种可爱的形象和神态，更受人们喜爱。

第二章 惊心动魄的人与动物之战

捕捉海豹并非轻而易举。海豹在冰上哺乳、休息,要找海豹就得事先"找冰",找到了冰还得"撵冰",撵上了冰,汽船顺着冰行驶,渔民们便走上甲板瞭望。一旦发现冰块上卧有海豹,他们就立即关闭发动机,不使有一点响声。然后,改乘小船,在冰块的缝隙里悄然穿行。冰块在风浪中还会互相碰撞,小船随时都有可能被挤碎。

当小船距离海豹仅有20多米的时候,渔民们从小船跳到冰块上,在溜光铮亮的冰块上飞滑跳跃,这就是渔民们常说的"跑冰"了。跑冰十分惊险,冰块一个个的挨着还好办,遇到两块之间相隔六七米远时,还会出现"断桥",就得用冰枪带倒钩的一端把附近的小冰块拨到"断桥"的中间,然后人后退几步,再猛冲上去,前脚刚跳上小冰块,后脚立即跳跃到前面的冰块上,那情景简直像一个优秀的跳远运动员。当距离三四米时,来一个出其不意的猛扑,这样将捕捉到海豹。海豹的嗅觉和听觉十分灵敏,稍微听到一点的响声,就马上跳水潜逃了,只有小海豹才缺乏这方面的经验。

劳而无获的事也是常有的,有时去捕捉正在被大海豹哺乳的小海豹,大海豹却突然用嘴把小海豹刁到水中,随后迅速咬住它孩子的两个趾蹼逃之夭夭。有时渔民们看到海豹在冰上休息,人们悄悄地去接近它,眼看就要捉住了,瞬间,海豹却又不见了。原来,有一些特别机灵的海豹常常在冰块上钻一个深达几米的洞,一旦遇到情况,马上从洞口逃走。当渔民们捕捉到小海豹后,必须赶快离开冰块,否则,失去了孩子的大海豹,会跃出水面,借着下落时的冲力将冰块砸入水中。如果人此时还待在冰块上,就有葬身海底的危险。

有的渔民在实践中想出了不少好办法,捕猎者用白布把小船包裹起来,身上也披上白布,进行伪装。在一片白茫

# 动物与人类的恩怨情结

茫海洋中,海豹怎么分得清楚哪是冰块,哪是白布呢?小海豹便成了动物园的新客。

第三章 有益于人类的动物

第三章　有益于人类的动物

1. 春光明媚话益鸟

春光明媚,桃红柳绿,各种鸟也开始活跃起来了。

我国共有鸟1183种,是全世界鸟最多的国家,其中啄食昆虫的达半数以上,多数属于益鸟。

当拖拉机或老牛拖着犁耙,在田野里耕种时,你会看到跟在它们后面的乌鸦和喜鹊,在新翻耕的土壤里,忙着找食各种蠕虫、甲虫、蝼蛄和豆天蛾的幼虫哩!乌鸦虽黑,其貌不扬,叫声也不那么动听,但它是扑虫能手,它的食物中80%以上是害虫。八哥虽貌不惊人,但它是嗜吃蝗虫、金龟子、蝼蛄等害虫的英雄。我们切不可以貌取鸟,枉杀益鸟!

林业生产有三大害:火灾,乱砍滥伐,虫病。危害我国

第三章 有益于人类的动物

森林的虫达150多种,每年森林虫害面积占人工林面积的四分之一。四川桥山林区500万亩森林,因遭受虫害而生长不好。秦岭与大巴山林区也程度不同地受到毛虫等虫的危害。森林虫害的天敌——杜鹃,特别爱吃毛虫,一只杜鹃一顿就能吃进五十多条毛虫。被誉为"森林卫士"的啄木鸟,更是灭虫专家,它能啄食天牛、吉丁虫等30多种蛀木虫。啄木鸟用嘴敲击树木,能从不同响声中,辨别出树干中有无害虫。它的嘴比刀还锋利,能啄通一条虫道。把害虫从虫窝里吸出来,嘴里还可分泌一种黏液,把小虫和虫卵黏住,然后饱餐一顿。一只啄木鸟一天能消灭天牛老熟幼虫300余条。春天招引一对啄木鸟,就能保护500多亩森林免受虫害。

保护果园的益鸟种类也很多。人们比较熟悉的"兹嘿兹嘿"叫的山雀,它个子比麻雀还小,头戴蓝黑色小帽,面颊洁白,人们叫它"白脸山雀"。它像杂技演员一样,整天在果树枝间来回跳跃,扑食像果树虫害。一只山雀一天能扑食昆虫300多条,总重量相当于它的体重。

保护益鸟,以鸟灭虫,要比用农药优越得多,它既可减少农药费用,又可避免农药对环境的污染,保持正常的生态平衡。我们除教育儿童不要随意打鸟,掏鸟蛋,毁鸟窝外,在林区最好利用人工巢箱招引益鸟,在田边地头还可为猛禽竖立竿子,给它们为人类消灭害虫提供条件!

(董伟民)

2. 鸟对人类的贡献

我国幅员辽阔,共有鸟1183种,且大多数都是益鸟。在我国历史上,有很多关于利用和保护益鸟的记载。

早如《礼记》,就有明令禁止春季捣巢捕雏的记载,《南史》、《唐书》都有"蝗虫食禾,有大白鸟……尽食其虫"、"有白鸟……飞食之,一夕而尽,禾稼不伤"之类的记载;而在元王祯《农书》中更有"蝻未能飞时,鸭能食之,如置鸭数百于田中,顷刻可尽"之说,足见我国历代早知保护和利用益鸟的重要了。

在我国常见的益鸟中,有许多捕食害虫的能手。燕子是最常见的候鸟,当它在空中飞翔时,正是用它那张开着的宽嘴巴对迎面而来的蚊蝇、螟蛾和金龟子等等害虫进行着无情的兜捕。一对燕子每年可育雏两次,它们和这两窝雏燕在一个夏季里所吃掉的昆虫达50万只以上。松毛虫是松树的大敌,危害爆发时,可在很短时间里吃光整片松树的针叶,使之枯死。但灰喜鹊、大山雀、杜鹃、画眉、墨枕、黄鹂等10多种益鸟充当着松林的保卫者,它们大量地啄食着松毛虫的成虫、幼虫和蛹。经人计算,一只灰喜鹊一年可吃掉松毛虫15000多条,可保护几亩松林。而杜鹃的食量也很大,一只杜鹃在一小时内就能捕食近100条毛虫。科学工作者曾在河北省昌黎县和附近的果树区进行调查,发现那里共有53种益鸟,它们的食物总量中昆虫占到50%~100%,对消灭果园虫害起了很大作用。对大山雀的研究发现,在它吃掉的食物中,农林害虫占到79.5%,一只大山雀在一天内吃掉的虫子,与自己的体重相等。对于那些钻在树皮下、树干里的天牛、蜡象等害虫,啄木鸟则是它们无法逃避的致命克星。啄木鸟用那凿子般的嘴在树干上啄出洞穴,而后用长长的舌头将那些蛀虫一个个拖出来吃掉。一对啄木鸟能"保护"几十亩面积的树林。猫头鹰,更称得上是捕捉各种老鼠的高手。它的种类很多,在我国就有长耳鸦、短耳鸦等20余种。一只猫头鹰一夜能捕食好几只野

第三章 有益于人类的动物

鼠,如果按一只鼠一年最少吃掉二三斤粮食推算,一只猫头鹰一年可灭鼠千只以上,就会为人类夺回至少一吨粮食。

由于鸟类与其他生物和环境的关系错综复杂,因此判断鸟类的益害也是很复杂的。严格说来,益和害是相对的。譬如大山雀虽是大量捕食多种害虫的益鸟,但它们有时也会啄食葡萄;善于捕食害鼠的益鸟有时也会捕食小家禽和其他小益鸟;麻雀虽因经常糟蹋很多粮食而被视为害鸟,但在繁殖期间却也要捕食害虫。还有些鸟类,虽然其直接利益不易看到,但在维持自然生态平衡中却有不可缺少的作用。所以,鸟类的益害常常是因地区、季节的不同而不同。但总的说来,对于那些基本上是有益的鸟,应采取有效措施进行保护。

保护益鸟,特别要强调尽量减少化学农药对环境的污染,尤其是对鸟类栖息地的污染。同时要严禁毁林开荒、乱捕滥猎和捣窝掏蛋等毁灭鸟类资源的行为。要严格执行国家有关保护鸟类的各项法令,努力维护好国家指定的自然保护区和禁猎区。

为了保护好益鸟,还必须加强群众性的鸟类研究和宣传工作,使广大群众都能了解和掌握各种益鸟的生态、习性,为益鸟创造更多更好的生活环境和条件。

(王谦摘自《人民日报》)

3. 益鸟是人类的朋友

鸟是人类的朋友,是维护自然生态平衡的重要因素。

鸟的益处十分广泛。"翩翩堂前燕,秋去春来见"。古人根据鸟鸣和候鸟活动的规律来安排农事活动。害虫是农作物和林木的大敌,但鸟能食虫。据《旧唐书》记载:"开元

动物与人类的恩怨情结

二十年,贝州蝗食苗,有白鸟数万,群飞食蝗,一夕而尽。"这种白鸟,就是当今闻名于世的椋鸟。据观测,一只椋鸟一次能给三只幼雏带回九克小蝗虫。1000只成椋鸟及其幼鸟,一月可歼灭蝗虫22吨。益鸟不光是灭虫员,还是卫生员、除草员、绿化员。

一只燕子一个夏天可以捕食虫蝇百万只,如果排列起来,有一公里长。一只猫头鹰一年可以捕食害鼠1000只,等于替人类保护了2000斤粮食。两只啄木鸟一年内可以保护500亩林木免受虫害。百灵、灰山鹑、鹌鹑爱吃莠草的籽,大雁可为农田除草。另外,鸟蛋可食,鸟羽可制成被褥、被套、毛笔、羽扇、羽冠以及工艺装饰品,有的鸟还可作药、送信。

在大自然中,鸟类又是一个富有生气的动物王国。有些鸟歌声婉转动听,羽翼鲜艳美丽,形体千姿百态,不仅把大自然装扮得更加美好,更有生气,更富活力,同时也点缀了人类的精神生活,给人们带来不少欢乐和美好的情趣。

当今,对鸟类的保护已成为衡量一个国家科学文化和社会文明进步的标志之一。我国地域辽阔,气候多样,地形复杂,植被类型繁多,为鸟类的栖息繁殖创造了良好的条件。世界上现存鸟9000余种,我国有1186种,约占40%,是拥有鸟最多的国家之一。我们应该成为保护鸟最好的国家,让鸟更好地为人类造福。

(陈思易)

4. 布谷鸟是益鸟?

阳春三月,那布谷鸟"快快布谷!"的清脆叫声,催促人们加紧春耕。人们喜爱布谷鸟,称它为"催耕鸟"和"歌唱春

第三章 有益于人类的动物

天的鸟"。

布谷鸟学名叫"杜鹃",是捕捉害虫的"灭虫专家"。它消灭害虫的本领是其他鸟甚至人类也比不上的。如危害农作物、危害树木的松毛虫、松尺蠖、刺毛虫等,它一天能捕食300只以上。所以布谷鸟是一种益鸟。

但是,鸟类却不喜欢布谷鸟,因为它做了一件损人利己的事。例如它不垒巢、不孵卵、不哺育小鸟,常常把蛋生在其他鸟巢内,而把其他的鸟蛋偷偷搬走,让其他的鸟代它孵卵,当"保姆"。等到小布谷鸟长大了,才接回到身边。一年中一只布谷鸟要伤害其他鸟的子女大约100多只,所以,布谷鸟是有缺点的益鸟。

(顾莉娜)

5. 喜鹊大喜

喜鹊是我国常见的一种有益的留鸟。它的样子俏丽,羽衣黑白相衬,很谐调。平时,总是双双对对地活跃在村边田野里,翘着尾巴跳上跳下,唱个不停。我国人民一向喜爱它,把它的形象和叫声看做喜事的征兆。所以古书上有"鹊噪檐前,主有嘉宾至及喜事"的说法。就是现代的国画家们,在佳节吉日,也喜欢画喜鹊,表示喜庆。喜鹊一到秋天,便开始离巢,结群聚伴到处漫游。不理解喜鹊这种习性的人们,把它和牛郎织女的神话联想在一起,认为喜鹊果真上天搭桥,成全七月初七之夕一年一度的牛郎织女相会。

喜鹊喜吃蝗虫、蝼蛄、地老虎、椿象、夜蛾、松毛虫等害虫。在我国南方,它们到二、三月间就开始分散配偶营巢,把一根根枯枝架在高高的木棉、榕树顶上,巢内用碎麻、纤维、兽毛、草根等垫得软绵绵的。巢顶有盖,侧面有出入口,巢口支着棘刺,防避敌害;有时则在旧巢上重新建巢,所以被誉为鸟类大家庭中"高明的建筑师"。当新居落成时,已是阳春三月的丽日良辰,喜鹊便产卵4～6枚,卵色蓝绿而有褐色斑点。由雌鹊担负孵卵任务,17～18天后,鹊雏出世,经过一个月的辛勤喂养,鹊雏才能够独立生活。

鹊巢常被红脚隼霸占,双方也常为此而争斗,有时"邻居"也纷纷前来助战,直至把对方驱走;倘吃了败仗,只好飞到别处重建家园。

喜鹊属农林益鸟,由于种种缘故,数量逐年减少,为保护它们的繁殖,我们呼吁:招引喜鹊,保护喜鹊!这确是有益于生态平衡的一桩好事啊!喜鹊听到这一消息也应该大喜吧!

(澎　涛)

6. 鸟的功绩

在充满生机的大自然中,鸟类千姿百态,它们不但给大

第三章 有益于人类的动物

自然增长添彩,而且作为人类的天然盟友,同大自然进行了长期不懈的斗争。

据考证,鸟是在一亿四千万年前由爬行动物进化的飞行动物,现在世界上已知的鸟约有8580余种,绝大多数是益鸟。我国有鸟类1180多种,约占世界鸟类种数的13%以上,是世界上拥有鸟类种数最多的国家。约在四五千年前,我国已出现了护鸟、驯鸟和利用鸟的活动,《诗经》《尚书》等古籍中都有记载,《礼记》曾明确禁止春季捣巢捕雏。战国时期的《吕氏春秋》一书中还有关于鸟类迁徙的记载:"孟春之月雁北","孟秋之月鸿雁来"。《南史》也有关于鸟的记载:"蝗虫食禾,有大白鸟……尽食其虫"。

我国历史上关于鸟的第一个自然保护法令是西汉宣帝刘询向全国颁发的。汉宣帝不但爱鸟护鸟,而且非常崇鸟、敬鸟,并且把年号改为神爵,又改为五凤。

鸟的功绩有口皆碑,据估计一窝燕行鸟一个月可以吃1200只蝗虫。一窝燕子一个夏季可以吃25万只昆虫,排列起来长达二里。一窝大山雀在16天的育雏期间,可以吃2000只昆虫,杜鹃一天可以吃100只松毛虫。啄木鸟能够消灭90%在树林越冬的害虫。一只猫头鹰一年可以吃500只老鼠。鸟是大自然不可缺少的重要组成部分,对于维持自然环境的相对平衡有重大作用。

(王西林)

7. 夏夜纳凉话蝙蝠

蝙蝠,是哺乳动物中唯一真正能飞的动物。蝙蝠数量大得惊人,其总数约占世界哺乳动物总数的20%~25%。其种类约1000来种,可分为两大类。一类是体型较大的,

动物与人类的恩怨情结

张开翅膀时大2米,重1公斤;另一类是体型较小的,只有3～4克重。蝙蝠中约有70%的捕食昆虫,它们的体型较小,如我国分布最广泛的家蝠、大耳蝠都以捕食蚊、蝇、蛾类昆虫为生。世界上还有如狐蝠、果蝠等以果实、花蜜等为食的蝙蝠,它们的体型稍大些。至于吃肉喝血的蝙蝠也有,但为数较少。

一般的蝙蝠以耳代目,这些蝙蝠眼睛早已退化,它以喉咙发出超声波,通过口和鼻孔定向发射,回声由耳朵接收,大脑根据信号,可以极准确地判断反射物的大小、形状、质地和距离。因为它有这一本领,所以能在黑暗中飞翔和捕食昆虫。1938年美国科学家发现蝙蝠这一本领后,把它作为仿生学研究的对象,后来发明了雷达等现代化设备。蝙蝠调节体温的能力惊人,活动觅食时体温可上升到40℃,休息时可降到15℃,冬眠时则降到3℃。

别看蝙蝠相貌丑陋,其实它是人类的益友。据长期观察研究,一只蝙蝠每晚能捕食近千只蚊子或其他昆虫。蝙蝠还是药材,即中药夜明砂,有散淤血、下死胎,可治疗小儿夜盲症等。我国古代人民敬蝙蝠为"天鼠",因它的名字与福字谐音,因此,建筑、家具、服装等都喜欢用蝙蝠的形象来装饰。

8. 值夜班的蝙蝠

蝙蝠的种类较多,除热带的吸血蝙蝠为害人畜,果蝠为害果畜,食鱼蝠轻微为害鱼畜外,温带的绝大多数蝙蝠都在勤勤恳恳地为人类除害。城乡常见的蝙蝠有普通蝙蝠、家蝠、夜蝠、小家蝠等,它们都是捕捉害虫的能手。

蝙蝠每年上班的期限是五月至十月,每天值夜班的时

第三章 有益于人类的动物

间,第一次是拂晓四点半至五点半,第二次是晚上七点半至九点半,个别的通宵不休息。蝙蝠值夜班时,不是用眼睛进行"侦察",而是用耳朵"看",靠本身的"回声定位"机构准确捕获害虫。在飞行中它可突然调头,急骤变化速度,在空中作各种姿态的飞行,能捕捉各个方位的昆虫。它对传染伤寒、痢疾的家蝇,传播疟疾的蚊子,传播脑炎的库蚊,传染黑热病的白蛉子,传播家畜炭疽病的牛虻等,都直追不舍。有些农作物的害虫一听到蝙蝠叫声就魂不附体,四处逃窜。如果在田间播放蝙蝠叫声的录音,可驱走危害棉花的象鼻虫蛾和危害玉米的夜蛾等。

在秦岭巴山的密林深处,菊头蝠和马蹄蝠担负着捕灭森林虫害的任务。它们几十只,有时几百只,甚至成千上万只群居在同一个岩洞里,每年五至十一月初,每晚六点半出洞捕虫,拂晓六点半回洞栖息,忠实地履行着扑灭害虫、保护森林的天职。

(王金虎)

9. 蝙蝠与仙人掌

墨西哥索诺拉沙漠,有一种树状仙人掌,结着甘美的果实,在寒冷的夜空散发着芳香。小蝙蝠不停地扇动着纸一样薄的翅膀,呼呼地一边飞一边吃着仙人掌果,不时地撒下种子,作为对仙人掌的报答。

我对蝙蝠的研究工作是 1989 年和 1990 年春天在墨西哥西海岸的巴伊亚基诺进行的。我拍下了许多蝙蝠活动的照片,可看出它与三种仙人掌之间的联系。

春天,当小而长鼻子的蝙蝠从墨西哥南部开始北迁时,它们靠吃树状仙人掌、风琴仙人掌以及巨形仙人掌的花蜜

动物与人类的恩怨情结

为生,因而也为这些仙人掌传授了花粉。七月,当蝙蝠回迁时,又因靠吃这些仙人掌的果实为生,而撒下种子,对仙人掌作出了报偿。

风琴仙人掌和巨形仙人掌是在黄昏开花,第二天早晨花又合上。树状仙人掌开花是在天黑以后,而且翌日的大部分时间里都开着,因而吸引了其他的受粉动物,诸如某些鸟和蜜蜂。

七月,是索诺拉沙漠干旱期,生物处于生死攸关的时刻。生物之间的依存关系对双方都是有益的。各种小的哺乳动物和鸟在仙人掌之间寻找果实,或寻找栖息处。高高地耸立着有15米高的树状仙人掌,在夜晚和白天都为其提供了美味芳香的花蜜。甘甜的花蜜为蝙蝠、鸟类和昆虫解除饥渴,使它们生机勃勃。仙人掌的果实还供养了其他的哺乳动物,诸如羚羊、地松鼠、狐狸和金雕。

在巴伊亚基诺进行的研究表明,巨形仙人掌和风琴仙人掌不再像以前那样长出那么多的果实,其原因显然是由于驱逐许多蝙蝠所造成的。村民们把蝙蝠从它们栖息的洞中赶到蒂布伦沿岸的岛上。虽然一些蝙蝠在夜晚又返回沙漠造访了仙人掌,但是许多仙人掌花蜜还是未被采过。这样,果实可能会越来越少,以至于影响它们的繁衍。

许多巨形仙人掌是雌雄同株的,花朵里面有雄性的花粉和雌性的胚珠。但是,西奥多·弗来明近来发现一些巨形仙人掌都是雄性的,开出的花只有花粉,没有胚珠;而另一些巨形仙人掌都是雌性的。开出的花只有胚珠,没有花粉。雌雄异株的仙人掌同雌雄同株的仙人掌为争夺繁殖地盘而进行激烈的竞争。

雌雄异株仙人掌需要得到更多的授粉机会,以确保长期的生存。而正是蝙蝠通过异株授粉帮了大忙。如果没有

第三章 有益于人类的动物

蝙蝠的帮忙,则可能逐渐消亡。而雌雄同株的巨形仙人掌就又可能占了上风,因为它们能自身授粉。

风琴仙人掌以其芳香的果实,敞开大门,引来了一群饥饿的觅食者。风琴仙人掌成熟的果实在仲夏食物十分匮乏之时,为迟迁的蝙蝠补充了给养。

在美国西南部,这种蝙蝠把龙舌兰的花蜜作为仙人掌花蜜缺少时的补充。当蝙蝠秋天回迁进入墨西哥时,是沿着长满龙舌兰的地带飞回的,龙舌兰也是沿途盛开着鲜花来迎接蝙蝠的。

龙舌兰不但为蝙蝠提供花蜜,还可酿出醇香的烈酒。有一些地方大量砍伐龙舌兰用来酿酒,这就造成了小而长鼻子的蝙蝠食物的短缺。在美国,自1988年以来这种蝙蝠已被列为濒危动物。在墨西哥,人们常常把这种蝙蝠误认为是螨蝠,熏烧其栖息的洞穴。也许现在人们看到盛开的仙人掌花时,就会联想起这种蝙蝠与仙人掌之间的关系。

(朱立成编译)

10. 春燕趣话

"似曾相识燕归来"。春天来了,你家屋梁上又有燕子衔泥筑巢了吧?你是否认识,它们还是去年来的那对老"房客"呢?

我国古人很早就发现了燕子归巢的习性。而在国外则有一个燕子归巢的真实故事。18世纪,瑞士北部巴塞尔有一位鞋匠,他的棚房里每年都有燕子筑巢栖息。有一年,他在将要离去的一只燕子腿上绑了一张小纸条,上面写着:"燕子,请你告诉我,你在何处越冬?"次年春天,一对燕子又飞来定居,有一只的腿上也带有一张小纸条,上面写着:"它

动物与人类的恩怨情结

在雅典安托万家过冬"。巴塞尔鞋匠出于好奇的实验,引起了动物学家的重视。经过反复观察,他们终于推翻了古希腊大哲学家也是动物学家亚里士多德认为燕子在沼泽地冰下过冬的断言,从此正式确认燕子是一种秋冬南迁,春夏北返的候鸟。

长期的迁徙习性,使燕子练就一身飞行的过硬本领。它体型小巧,两翼尖长,尾呈剪刀形,这使它飞行敏捷迅速,转弯十分灵活。春夏季生活在我国北方的家燕,秋季要长途跋涉。飞行9000多公里到赤道附近去越冬。法国的家燕每年八月开始飞行到西非甚至南非去越冬,行程上万公里。喜欢在城楼高阁筑巢的楼燕,在远距离飞行中速度达每小时110公里,堪称候鸟中飞行速度的冠军。燕子飞行时"晓行夜宿",白天无须停下来"就餐"。原来它以昆虫为食,飞行中边飞边吃。奇怪的是若是气温低于9℃,它们便不约而同地停止飞行。原来昆虫在9℃以上的气温下才出来活动,聪明的燕子竟掌握了昆虫的活动规律。

在医学上燕子也不无贡献。金丝燕在山崖下或石洞中,用唾液混合绒羽或混合海藻等物筑成的巢,即人们所说的"燕窝",是一种上等的补品,可用来补肺养阴,治疗虚劳、咳嗽、咳喘症。

(名 夫)

第三章 有益于人类的动物

11. 燕子是人类的朋友

每当春风轻拂、柳丝吐绿的春天到来时,被称为候鸟的燕子便远渡重洋,从澳大利亚和南洋群岛等地飞回到我国北方来了。燕子的记性很强,虽然从遥远的南方归来,却能依旧回到自己原来的窝里。难怪唐代诗人晏殊用"似曾相识燕归来"的诗句给燕子以赞美。

人们习惯称燕子为"多情鸟",这不仅是因为燕子能够不忘旧主,重回故地,而是由于它们经常比翼齐飞,"夫妻"非常恩爱。所以,人们就用"燕好"比喻夫妻恩爱和谐,用"燕居"比喻邻居和睦相处。在新婚的洞房里,也常贴上"新婚燕尔"的条幅,以示婚姻的美满。

人们喜欢燕子,还因为燕子体态轻盈灵活,一对狭长的翅膀飞起来袅娜多姿,非常优美。燕子的尾羽分歧而尖长,飞起来好像剪刀不停地剪裁东西。

其实,燕子最受人喜爱的地方,在于它是捕食农作物害虫的能手。一对老燕和它们的子女,从4月到9月,半年时间就能捕食100多万只害虫,真是名副其实的"庄稼卫士"。

从爱燕子使我们想到爱鸟。鸟是一个庞大的家族,其中绝大多数都是害虫的天敌,人类的益友。春天到来,正是鸟类回归故地、繁衍生息、四出觅食的时候。"劝君莫打三春鸟,巢内嗷嗷待哺时"。

(关存丽)

动物与人类的恩怨情结

12. 飞入寻常百姓家

燕子,雅称"神女",体态轻盈俊秀,细语呢喃婉转,十分逗人喜爱,是有名的候鸟,秋往春回,不辞曲折,"年去年来来去忙"。"记忆"力极强,不忘"朱雀桥边野草花,乌衣巷口夕阳斜",能准确地找到往昔住址,径直"飞入寻常百姓家"。韦庄的《燕来》写得非常生动、有趣:"去岁辞巢别近邻,今年空讶草堂新;花间对语应相问,可是村中旧主人?"情切切,意绵绵,感人肺腑。

燕的种类很多,主要有火燕、巧燕、雨燕、湖燕、海燕、崖燕等,分布甚广。贪长飞翔,时速高达300公里,为鸟中之冠。

热带沿海地区有一种金丝燕,聚栖古岩危壁,"食海藻,吐以作巢,依石穴上","呈不齐整半月形,内若杯状","洁白、坚而脆,断面略似角质,入水则柔软膨大。夷人梯取之",谓之"燕窝菜"。入馔,峻补。医籍尚载:"味甘、平","入肺、胃、肾三经",可养阴润燥,补中益气。

过去,供皇室享用的极品"官燕",都是采自险要的悬崖上,常与生命攸关。当地民谣说:"高山燕窝洞,穷人讨饭亡!"

燕子属于益鸟,嗜噬蚊蝇、飞虱。有人观察,一个夏季,每只燕子能消灭数万只害虫,不愧是忠于职守的"空中卫士"、"人类的忠实朋友"。"翩翩新来燕,双双入我庐",农家对燕子尤其欢迎,燕子来筑巢被视为吉祥的象征。

(王高明)

第三章 有益于人类的动物

13. 乌鸦趣话

乌鸦作为"报祸鸟",似乎由来已久。孔子门下的公冶长,家贫,母病,老人家欲吃肉而不得。一日,乌鸦临门叫曰:"公冶长,公冶长!南山虎拖羊。你吃肉,我喝肠。"公冶长奔南山,果得羊肉。谁知道祸随喜来,别人反诬他窃羊,竟蒙不白之冤!

听说又不如目睹:一位采药老汉曾见到"乌鸦追悼会"的有趣场面:一群乌鸦在山坡排成半圆形,中间一只死乌鸦。旁边站着一位乌鸦首领,呱呱地致"悼词"后,两只乌鸦将死乌鸦衔向山脚,扔进池塘,然后飞回原位继续"开追悼会"。这种情深谊长的仪式,应该能够改变人们对乌鸦的成见吧?

实验当然是有说服力的。有些鸟类学家把乌鸦列为最进化的鸟,有人更认为鸦科的鸟是最易驯化的。被驯养好的乌鸦,能搭积木、打算盘、翻画册和摇铃铛,有的甚至能溜滑梯……有只叫伏龙诺克的大渡鸦,不但能用演员般的声调报出自己的名字,而且还能说出自己的爱称:"伏龙奴沙"!另据观察,大渡鸦在获得食物后,为了不让伙伴分享,会压抑着鸣叫声,偷偷把食物藏起来;"有其父必有其子",小渡鸦达到一定的年龄后,这种"自私行为"不教自会。乌鸦毕竟是益鸟。经调查证实:它一年所吃的食物中80%以上是危害农作物的飞蝗、蛄蝼等害虫,而它啄食动物腐尸后对大自然又有清净作用。

(张毅)

动物与人类的恩怨情结

14. 诗情画意的蜻蜓

夏天,每当风雨来临之际,成群的蜻蜓低低地围着地面盘旋、飞舞。它们的姿态那么敏捷、稳健,被视为夏日最具诗情画意的昆虫。

全世界有5000多种蜻蜓,我国至少有400多种。我们常见的有盖子蜓,个体大,灰蓝色和橘红色较多。水蜓比一般蜻蜓个体略小,多为红色,经常在水面浮露物上栖息。常见的蜻蜓,个体比盖子蜓稍小,以土黄色和土红色较多,常在篱笆上栖息。树蜓翅膀狭窄,全身黑色,并透深蓝光,喜爱在阴凉的树丛草丛中生活。

蜻蜓是一种古老的昆虫,在地球上生存已有二亿八千万年以上。它们的生活习性有很多独特地方。在各类飞虫中,蜻蜓的飞行速度最快,每小时可达97公里,比善于飞行的燕子还要快得多。蜻蜓的眼睛非常奇特,科学家发现,一只蜻蜓有2800个小眼睛,这也居动物之最,所以其目光极锐利。在高速飞行中,可以发现12米以外的昆虫。蜻蜓在空中捕食猎物时,行动快如闪电,通常从捕捉到吞食,全部在飞行中完成。蜻蜓飞行速度既能快又能慢,有时在空中突然停顿,像直升飞机一样悬浮不动。蜻蜓交尾多数在空中进行,交尾进行中,由于飞行目标很难一致不得不降落地面。蜻蜓幼虫在水中成长期长达5年,但进入成年期后,则只生存数星期,一旦交配后便死亡。

近年来,科学工作者已发现蜻蜓每个小眼睛都是一个小型视觉系统。随着科技的发展,受蜻蜓眼睛的启发,仿生学研究得到重大突破,将会对人类作出更多贡献。

(秦世鹏)

第三章 有益于人类的动物

15. 杜鹃趣话

"布谷、布谷、布谷……"布谷鸟又叫了。布谷催春,绿遍大地。

布谷鸟,又名杜鹃,为杜鹃家族成员之一。杜鹃有38类,128种,大多栖息在热带丛林中,足迹遍布全世界。

杜鹃其貌不扬,叫声也不那么动听。"其间旦暮闻何物,杜鹃啼血猿哀鸣"。历代诗人把杜鹃鸣叫,比喻恩怨之情,留下很多佳句。

杜鹃非常勤奋,是消灭农林害虫的能手,它最喜欢捕食长满毒刺的松毛虫,凭着它一张利嘴,一次可以吃掉近百只松毛虫,不愧是保护松林的"勇士"。不过,杜鹃在抚育子女上,既缺德又偷懒。杜鹃不营巢、不孵卵,更不抚育幼鸟。它偷偷地把蛋下在画眉、山雀等鸟巢中,有时也把蛋产在地上,再把蛋一只只衔到别的鸟巢里。由于蛋的颜色和义亲鸟的蛋相似,就很容易瞒过义亲。经过十二三天的孵化,雏鸟破壳而出。雏鸟也有特殊的本领,虽然它只有三克重,全身无毛,双眼未睁,可却能硬用脊背,把超过自己体重一倍的义亲的蛋和雏鸟扔到巢外去,待把一切都扔光了才心安。受蒙蔽的义亲,不停地奔忙,精心饲喂它。四五天后,它长

动物与人类的恩怨情结

得与义亲一般大。说也奇怪,义亲还是继续喂养着这个凶狠的养子,直到羽毛渐丰,"远走高飞"。

(沈燕)

16. 小小的生存艺术家——蛙

小小的两栖蛙能够适应环境,并能给自己披上伪装。它们十分卖力地繁殖后代,在1亿三千万年前就如此,至今依然保持大约2600种。

两栖蛙类是科学上对青蛙、蟾蜍(俗称癞蛤蟆)的统称。有关生物最初以水为生存空间,如何征服陆地而发展,从蛙类身上得到了验证。除了经常处于冰天雪地状态的地区和极端干旱的沙漠地带以外,蛙在世界各地到处为家。而它们的生存空间越是千差万别,它们的外形(表面适应环境的能力)也就越是多种多样。

蛙类没有能力喝水,而是通过表皮来吸收所需的水分。正是这种表皮日益成为科学家关注的重点。

有些两栖动物属于毒性动物,它们的分泌液含有大量有害物质,例如,草莓蛙(也称"箭毒蛙")所特有的毒素,只需1/500万克就足以毒死1只老鼠。南美洲的土著人在打

第三章 有益于人类的动物

猎或作战时,利用这种动物所含的毒素,他们把这种蛙吊挂起来用火烤,使其毒液渗出来,然后在毒液中掺入一些植物碎末,使之成为一种既黏又稠的液体,再把箭尖浸入其中,用箭来杀伤敌人。

一种学名为"可怖毒蛙"的金黄色小动物来自哥伦比亚,身长不足5厘米,被认为是毒性最剧烈的蛙。土著人打猎时用小草篮装上这种活蛙,需要时,他们轻加压力,把纤细的箭尖直接戳在这种毒蛙的表皮上,但又不弄伤它。这种毒素只要有200毫克进入血管,就可以置人死地,而这种小蛙皮下含有毒素竟有2000毫克。

毒素制成药剂能够治病,早在古代,中国和日本的医学,就曾采用癞蛤蟆的毒素治病。现在亚洲,在治疗心脏浮肿和老年心脏病时,也采用癞蛤蟆的皮下分泌物。目前科学界对蛙类的毒素会引起血压降低以及动脉扩张特别感兴趣。

专家们一直认为,蛙类产生毒素首先是为了抵御自然界的敌人,这一理论在一定程度上是正确的。因为大多数入侵者在吐掉塞满一口的"色彩鲜艳的食物"之后就落荒而走。假如毒素仅仅侵蚀到舌尖,不曾进入血管,入侵者一般不会遭到严重损伤,还能活下去。但是它们从此肯定不敢再去干扰这类"毒性食物"的宁静生活了。

新的研究表明,毒素的产生在很大程度上不仅具有吓退敌人的效果,而且也是针对某些不速之客的一种自卫。蛙皮承担着绝大部分的呼吸功能,由于它经常处于潮润状态,于是成了各种菌类和细菌滋生的良好温床。毒素含有十分有效的物质,足以毁灭这些寄生虫。实验室进行的试验表明,蛙类在"毒素被清除"之后,很快就会因表皮受到感染而丧命。药物实验室早就在致力于利用高压把"毒汁"分离出来。可以设想：它将会取代引起争论的抗菌素药剂。目前人们正有效地利用特定的蛙毒汁来治疗脚癣。

除了药物学家之外，行为研究学家也在对这些哇哇叫的个体进行了观察。以对周围环境的依赖性作为先决条件，这些小叫蛙随一定的环境而分类，并从而发展出特有的行为模式。例如，墨西哥的鸟嘴蛙就明显形成了自卫的器官：它们鼻子前端硬化了的隆起部分，乍看起来似乎是一种畸形物，但却是一个对付敌人的有效防御武器。作为夜间出来活动的动物，鸟嘴蛙白天退缩到洞穴、缝隙或树叶堆里。它们瘦削的头部有坚硬的、几乎伤害不了的喙形物，有效地锁闭了藏身之地。当某个进犯者走近时，它就用其喙形物紧紧压住躯体下部，以致人们几乎不可能把它从藏身处拉出来。

马来西亚的尖嘴蛙则是完全另一种情况，它也是充分适应环境的一个范例。因为蛙类最喜欢栖息在宽叶丛中，它的鼻子和眼睛上方的突出部分所模拟的是宽叶片尖端，任何敌人，都难于发现。令人感兴趣的是，这种伪装唯有从飞禽视野的角度看上去才是有效的。其他品种的蛙，就其变换色彩的能力而言，可以同变色龙相媲美。例如巴西沃龙库克的怪蛙，其背部在耀眼的日光下呈浅绿色，而在进入光线较暗的环境后，几分钟之内就能转变为浅棕色。

背上有着5道彩条的上树蛙，繁殖和培育后代的方式是：处于发情期的身长不过2厘米的雌蛙被雄蛙发出的轻微而又时断时续的呼声所吸引，被追求者随着这种声音，紧紧跟在追求者之后，穿越树叶、枝丫和树干而游荡。一旦二者之间的视线由于遇到障碍而中断，雄蛙就会长时间地发出呼叫，直到雌蛙再次紧随身后为止。为了在灌木丛中寻找一处产卵的场所，这种游荡往往可能花费好几个小时。

第三章 有益于人类的动物

有一种布洛梅丽树,在树叶呈喇叭形积着水的口内,看来是合适的产卵场所。于是这一对小蛙开始交配,最后雄蛙跳跃而去,而这一次雌蛙并不跟随它。在离开树叶喇叭口之前,雌蛙的下腹部出现明显收缩,然后排出了2~4枚深棕色的卵。这些卵在3小时之后开始出现第一次细胞分裂。

雄蛙似乎具有潜在的时间感,它在10~12天之后再次回到孵化场所。它潜入喇叭口内的积水中,而此时刚刚挣脱胶囊的幼虫就紧紧吸附在它的背上。如果其他幼虫还不曾做好外出的准备,那么关怀备至的父亲将在第二天再度返回这里,把它们一一解救出来。这是一项保护种族的措施,因为幼虫们已经出现早期性互相吞食的欲望。

雄蛙开始为幼虫的进一步发展寻找新的场所,找到一处合适的地点后,它就先小心翼翼地把后腿伸进新的小水坑中。如果后腿没有被蝌蚪咬一下,那就意味着这个新地方是空着的,就让第一枚幼虫先来占用。其余的幼虫也都一一登上父亲的脊背,先后被雄蛙带往新的住处。

如此循环往复,一代又一代,蛙类已经生存了亿万年。不过自从人类充当征服者以来,蛙类除了悄然退却之外别无出路。仅仅美国的制药工业每年就需要2000多万只青蛙供试验用,而且全世界的需求都在不断增长。在法国,青蛙主要饱了馋嘴人的口腹——每年有40万只成了桌上的佳肴!在日益稠密的公路网上,数以百万计的蛙惨死在汽车轮下。而在蛙类种多的地区——地球上的原始森林,由于大规模开垦林地,蛙也遭到了彻底灭亡的威胁。今后当你还能听到蛙鸣时,你是否想到与其说这是小青蛙对敌人侵犯或发情时的呼声,毋宁说是它发出的呼救声!

(王禺)

动物与人类的恩怨情结

17. 蛙声阵阵兆丰年

初夏傍晚,月朗星稀。当你漫步在乡间小路,听阵阵晚风送来悠扬的蛙声,会使你心旷神怡,流连忘返。

此时正值青蛙繁殖的季节。阵阵蛙鸣是雄蛙求偶时发出的声音,同时也预兆着一个丰收年景即将到来。有句农谚说得好:"蛤蟆打哇哇,45天吃疙瘩。"蛙声可以预测年景的好坏,是有科学根据的。早在古代,我国劳动人民就利用青蛙叫声的早晚和高低,来判断农作物是丰收还是歉收。李时珍在《本草纲目》中记载:"农人占其声之早晚大小以卜丰歉。"唐人章孝标的诗亦有"田家无五行,水旱卜蛙声"的佳句。宋代诗人辛弃疾的"稻花香里说丰年,听取蛙声一片",更是广为传颂的千古佳句。

蛙是蛙科类冷血动物,南方称田鸡。全世界有蛙2600多种。我国常见的有青蛙、大树蛙、雨蛙、饰纹姬娃、棘胸蛙、水蛙、弹琴蛙及蟾蜍等。别看青蛙貌不惊人,它却是称职的动物气象预报员。而最受人们青睐的,是它那高超的捕虫本领。青蛙有两只敏锐的眼睛,能捕捉五米之内的目标,又有惊人的弹跳速度,猎取食物很少扑空。即使有时害虫在逃脱时掉进水里,这也难不住青蛙,因为青蛙是动物世界标准的"游泳冠军",消灭水中害虫也是手到擒来。蛙的食谱颇为丰富,有稻暝虫、稻蝽、蝗虫、叶蝉、飞虱、蝼蛄、黏虫、蚜虫及蚊蝇等,种类达30多种,大多数是农作物害虫。蛙十分勤劳,捕虫不分昼夜。一只青蛙每天大约吃掉80多只害虫。农谚说得好:"天上燕,地上蛙,一生勤劳保农家。"只要人们听到振奋人心的蛙声,就会联想到丰收在望。

(秦世鹏)

第三章 有益于人类的动物

18. 高举大刀的螳螂

夏天,在绿荫深处,螳螂一身"伪装",前足举在胸前,就像虔诚的教徒在做祈祷。它悄悄地隐蔽伏击,一旦发现小虫,就举起有锯齿的前足,猛然一击。它的动作非常敏捷,百发百中。那些小虫毫无戒备地葬入螳螂的腹中,称螳螂是捕虫名将是当之无愧的!螳螂是食肉性昆虫,专吃活物,如果小虫在草丛中遇到了螳螂,那就大祸临头了。螳螂在追捕小虫时,就像猎人追踪野兽一样,穷追不舍。一只成年的螳螂能够吃掉比它体型大的活虫,如果一只蝉被它逮住后,螳螂边吃边拉屎,可见它食量之大,在昆虫中是数一数二的。但是悲惨的是,螳螂甚至会互相残杀,强者为王,把弱小的对手吞食掉。

在大千世界里,凶猛的螳螂毕竟是一个弱者,有些食肉性的鸟,就是螳螂的天敌。一只受了伤的螳螂,往往连小小的蚂蚁也无法应付。

所以,螳螂这种小小的益虫,是需要我们人类进行保护的。保护螳螂就是保护环境,农业丰收就多了一份保证,也是保护人类自己。让我们行动起来,保护螳螂,为维护环境献一份爱心,尽一份力量。

螳螂的生活方式尤为奇特。传说螳螂成婚交配后,雄的定会被雌的吃掉,但有时雄的略施妙法,也能逃而避之。深秋西风起,正是螳螂结婚的良辰吉日,在螳螂世界里,"结婚"就意味着雄螳螂要灾难降临了。雌螳螂吃掉雄螳螂,是昆虫界中一个非常有名的插曲。在自然环境里,雌螳螂为了产出饱满的卵粒,培育出健壮的后代,生理上需要蛋白质,光依靠它所能捕捉到的小虫是远远不够的,于是雌螳螂

动物与人类的恩怨情结

不得不把雄螳螂当做营养品,残忍地把它吃掉。尽管雌螳螂"身强力壮",但是产完卵以后,也会精疲力竭地死去,为了下一代而献出自己的生命。

全世界有1800多种螳螂,形态各异,它们都会巧妙地利用保护色,保护自己的生存安全。马来西亚丛林的螳螂,体色与粉红色的兰花相似;安哥拉的螳螂,体色仿佛树干的色彩;秘鲁的螳螂,体色仿佛枯叶的色彩。

19. 双舞大刀活螳螂

螳螂是一种较大的昆虫,身体大多为绿色,前胸细长,是昆虫世界中出名的"长颈虫",颈上顶着一个能往任何方向转动的三角形的头,还有一对多节或丝状的触角。前翅革质,后翅稍长,足三对,前胸足粗大,呈镰刀状,常高举在胸前,好像随时准备要捕猎它爱吃的小动物。

螳螂是一种食肉性的昆虫,是保护绿色植物的天然"卫士"。它的前足生着两排锐利的锯齿,能捕食苍蝇、蛾子、蝴蝶、蚱蜢等,任何疯狂的害虫在它两把大刀面前都无法逃脱。夏季比螳螂体大的昆虫音乐家——蝉,是它很喜欢的食料;跑跳冠军——蝗虫,常为它刀下"猎物"。还有一种螳螂,能乔装诱敌,伏在树叶或花丛中,把第一对足装成花瓣似的,以致一些昆虫误认为鲜花飞去采蜜,而自投罗网。别看螳螂形体不大,但在强敌面前从不示弱。曾有报道:螳螂敢与它的天敌大公鸡决一死战,等鸡头接近到尺八距离,螳螂主动出击,用前臂大刀朝鸡眼猛砍一刀,迫使公鸡只得迅速缩回。一次、两次、三次,公鸡不断改变战术,而螳螂警惕的双眼早已死死盯上。鸡头转到哪里,它的双刀也转向那里"狙击"。螳螂斗公鸡竟能相持长达七八分钟。结果螳螂

第三章 有益于人类的动物

终因弱不胜强,被鸡啄之腹中,但足见那"双舞大刀"螳螂之勇猛善战。螳螂捕食害虫的本能,不仅成虫具有,其实从卵壳出来的幼虫,虽个体不大,但已能捕食蚊子等小虫了。

螳螂不仅为人类消灭害虫,它的卵鞘是常用的中药,呈半椭圆形,黄褐色,外面是雌螳螂尾端分泌的一种泡沫状物质,称为桑螵蛸。用麸皮炒微焦入药。性味甘、咸、平。入肝、肾经。功效:固精,收缩小便。《神农本草经》列为上品,书上记载:"主阳痿,益精生子,女子血闭腰痛,通五淋,利小便水道。"《别录》记载:"疗男子虚损,五藏气微,梦寐失精,遗溺。"据药理分析:桑螵蛸含蛋白、脂肪、粗纤维、铁、钙及胡萝卜素样的色素。因桑螵蛸能补肝肾,助阳固精,能治肾虚阳痿、遗精、尿频、失禁、遗尿等症。也可用于头晕腰酸,耳鸣及带下等症。

(王华明)

20. 请蛙入厨灭蟑螂

见到蟑螂,人们无不为消灭之而后快。但这东西能飞善跳,生性狡猾。它头部的两根触须像"雷达天线"不停地晃动着,边偷吃食品,边做好逃跑的准备。一有风吹草动就逃之夭夭,加之本身扁平而柔软,只有二至三毫米宽的缝隙就一头钻进去躲起来,令人束手无策。采用药品毒杀,也不怎么理想,一是毒死的虫体容易产生更多的粉尘,使人致病,二是反复投药后,有的蟑螂就不上当了,毒杀的效果也不好。较好的办法是让青蛙来消灭它。

青蛙是蟑螂的天敌,蟑螂是青蛙的佳肴美餐。抓一两只青蛙或癞蛤蟆放在厨房里,几天后就会把蟑螂捕食干净。

有次,日本一个遗传研究所的动物饲养房里,蟑螂成灾,捉也捉不完,弄得研究员们束手无策。后来放了几只癞蛤蟆,蟑螂很快就绝迹了。

21. 麻雀的厄运

麻雀,鸟纲,文鸟科。俗名"家雀",因羽毛麻色而得名。这种小生灵喜欢与人类为邻,瓦下、屋檐之空隙常被它营造"安乐窝"。但由于跟人类太接近了,所以它的生活中经常危机四伏,随时都会遭受灭顶之灾。有人"宁吃飞禽四两,不食走兽半斤",所以张网捕、弓弹打、汽枪杀,产蛋、育雏时又常常被人们连窝端,其命运多舛居百鸟之首。可幸的是它并未绝种,以顽强的繁衍迎接一次又一次的挑战。

明代福王朱常洵受封于洛阳,他的王府常有大群麻雀造窝于檐下。每天清晨,这些小生灵嬉闹飞蹿、鸣噪不停,搅得福王睡不了"囫囵觉"。盛怒之下,令家丁结网,在早晨、黄昏各捕捉一次,"日杀千计"。有一管家献媚邀宠:"王爷,此物为百禽之鲜,油炸下酒最饱口福"。这样,主子一来二去吃上了瘾,捕麻雀的家丁越来越多。年余,古都远近的麻雀几乎难觅踪影了。

第三章 有益于人类的动物

麻雀在国外也有倒霉的历史。200多年前,普鲁士国王菲特烈二世种了许多樱桃美化官苑。当樱桃成熟时,小麻雀成群结队地飞到园中啄食。它们虽然吃得少,但却把成熟之果弄得满地皆是,使官苑春光大煞风景。菲特烈二世极为恼怒,命臣民必欲杀尽"小飞贼"而后快。不久,官廷又出赏钱:凡捕杀一只者,奖钱六芬尼。于是举国出动,一二年内普鲁士国麻雀绝迹了。菲特烈国王满以为无雀害樱桃会硕果累累了,但不久害虫猖獗,臣仆们从早到晚大眼瞪小眼地捉虫,樱桃树还是被蚕食净光。面对这满园枯枝败叶,国王尝到了捕杀麻雀带来的恶果,不得不颁布禁令,告诫臣民再不要捕杀麻雀了。

1955年,麻雀在我国被列为"四害"之一,开展了全民性的大捕杀,不久,麻雀即濒临灭顶之灾。长期从事鸟类工作的郑作新教授,根据多年的研究,写出《麻雀食物分析的初步报告》。报告指出,麻雀应予保护,人们的偏见必须推倒。它冬天以草籽为食,春夏大量捕捉虫子和虫卵,秋季啄食农田剩谷和草籽,是功大于过的益鸟。陈教授的意见得到全社会的重视,全民性的"围剿"活动才停止了。1959年通过的《农业发展纲要》,首次将"四害"中的麻雀换成了臭虫,麻雀得到了彻底的平反。

(兰殿君)

22. 壁虎的申诉

我叫壁虎,由于外貌长得丑陋,人们对我十分厌恶,见之就打。这太不公平啦!因为我的祖祖辈辈都在辛勤地为人类服务。

古代医学家李时珍,曾对我们壁虎说过公道话:"善捕

动物与人类的恩怨情结

蝇蝎,故乃虎名。"的确,每当夜幕降临,我们便开始了除害战斗,有的敏捷地爬行在天花板或墙壁上,有的耐心地静候在灯光下,只要发现蚊、蝇、蟑螂和蛾类,就闪电般地一伸脖子,百发百中地用舌头将它们黏住,吞入肚里。我们一只壁虎,一夜之间就能消灭害虫200只以上,我们还有跟踪追逐的本领,可以深入白蚁、臭虫的巢穴,把它们吃得一干二净。所以有人夸赞我们:"家有壁虎,害虫尽除!"

我们壁虎还有飞檐走壁的绝技。因为我们四肢上各长着五个趾,趾的末端膨大,而且长着很硬的小钩爪,还长着皴裂的皮瓣,可以排出体内的空气,使四肢吸附在光滑的平面上。另一绝技,是"脱身之计",如果遇到敌人追捕,我们立即断掉尾巴,逃之夭夭。我们壁虎还有很高的药用价值。名贵的中药"守官"就是我们,具有祛风、定惊、止痛的功能,可治疗人的中风、癫痫、破伤风、恶疮等病症。最近科研部门又发现,我们壁虎所含的组织成分,对癌症具有抑制作用,因此,我们恳求人类:要保护壁虎!

(肖岩)

23. 赤眼蜂的自述

我是除农林害虫的能手,庄稼人的好朋友。我的单眼、复眼均为红色,因此人们叫我"赤眼蜂"。

我这个变温动物的个体还不到一毫米,但生一对翅膀,善于飞翔,善寻虫卵,产卵寄生,以害虫卵内物质供子代发育,所以人们采取人工方法繁殖我,释放我,请我医治农林虫害,我感到骄傲与自豪。

我的个体发育要经卵、幼虫、前蛹、蛹、成虫五个阶段,前四个阶段均生活在寄生卵内,发育到成虫才破壳而飞。

第三章 有益于人类的动物

我的一个世代和各虫态经历时间的长短,因蜂种、温湿度和寄主的不同而异,人们准确掌握我的生长发育期,对配合害虫发生期,做好繁殖和放蜂准备,要与害虫卵期相吻合,才能提高我医治虫害的效果。

我属两性生殖。对寄主的受精卵和未受精卵、自产卵或剖腹卵均能寄生。我最喜欢新鲜卵粒。我希望人工繁殖我时,要经常变换我的恋爱对象——寄生卵,以提高我的寄生率。我在室内繁殖不超过10代,当温度在25℃左右时,我繁殖力高,蜂体大,生命力强,寿命也较长;80%左右的温湿度,也是提高我质量数量的一个方面;我的成虫既忌强光又忌恶劣天气。遇到恶劣天气我乞求有个人工遮黑的地方,再讨点蜂糖,以延长我的寿命,待天晴释放,我好报效人类。可怜我微小,抗风力差,我飞行、取食、交尾、产卵无不受到风的影响。风力过大,我无能为力,只得随风流浪,适逢1~2m/秒风速时,乐哉! 我可顺风飘游远方,力争高效寄生。我愿世代当好人类治虫助手,做农林作物的医生。

(王彩玲)

24. 夜晚的"雄鹰"——猫头鹰

猫头鹰学名鸮,民间俗称夜猫子,是一种夜间活动的猛禽,专吃鼠类。自古以来,人们对它有两种不同的看法,一种是把它当成吉祥的象征加以尊崇。据考古研究,在仰韶文化遗物中发现鸮鼎,在殷墟发现黑陶塑造鸮樽和白石雕刻品,研究者认为鸮在商代人的心中是非常受尊崇的,他们作为青铜鸮尊、白石鸮,用它们当做"镇墓之兽"陪葬在奴隶主墓穴之中;在汉代鸮被作为官衔的名称,如西汉时期的"鸮骑都尉"、"鸮将"等官职,用以表彰武将的勇猛和雄健,

动物与人类的恩怨情结

另外我国《史记》等古籍中亦有一些鸮的有关记载。

另一看法是把它当成不祥之鸟。直到现代,民间迷信的人还以其外貌丑陋、鸣叫声调凄厉而把它称为鬼嚎,加之其昼伏夜出、行动鬼祟,更给人以恐怖的感觉,因而招致一些人的厌恶,把它看成是黑暗、死亡的象征,称之为"报丧鸟"、"逐魂鸟"等,并流传下来"夜猫子进宅,无事不来"、"不怕夜猫子叫,就怕夜猫子笑"等迷信的民谚俗语。

猫头鹰有许多特点:

长得威武 猫头鹰分布遍及全球,全世界有130多种,我国已知有27种。北京地区记录是9种,常见的种类有长耳鸮、短耳鸮、红角鸮、雕鸮等。

它们外形的共同特点是两个向前大而圆的眼睛,头形宽大,嘴形短强,前端有钩尖,多数在头顶的两侧有羽状耳突,脸形如猫,性凶猛似鹰(故称猫头鹰)。猫头鹰的羽毛柔软松散(绒羽),且多为棕褐色,常杂以暗浓的纵纹和横斑,飞行轻松而无声,双翅宽阔,尾形短圆,脚粗而强,爪弯曲锐利,外趾能反转。

猫头鹰多是黄昏时飞出捕食,白天匿伏于树洞、岩洞或稠密的簇叶间,偶然白天飞出常上下颠簸飞行,好像迷失方向。它们大都专以鼠类为食,偶尔兼食小鸟、昆虫和其他小型动物等。猫头鹰在捕鼠时先咬着鼠头,如遇到较大的则撕裂而食,中小型则整只吞下,待几小时后就把没消化的东西,如毛、骨等混成团丸状吐出。

猫头鹰雌雄相似,雌性体形稍大,幼鸟羽毛不同。配对多是一雌一雄,繁殖期一般是3个月~6个月,在交配期叫声频繁。大多数猫头鹰不自己营巢,一般在树洞或岩石缝隙或庙宇、房屋墙壁的窟窿中,以及像乌鸦等其他鸟类的废巢中产卵育雏,每窝产卵5只左右,卵色纯白呈椭圆或圆

第三章 有益于人类的动物

形。由雌鸟孵卵,孵化期近一个月,在这一个月期间随孵随产,因此在一窝鸟中雏鸟的体形差别很大。

刚出壳的雏鸟双眼闭合,身上只有少数绒羽,不能站立。雏鸟由它的父母共同喂养,它们将捕到的鼠类先吃去鼠头,再撕下鼠肉喂子女,半个月后子女即可吞下去带头的小鼠,大约2个月后即可离巢自营生活。

眼睛锐利 猫头鹰为什么能在晚上活动捕捉老鼠呢?据研究,那是因为它有一双适应在夜间活动的大眼睛。一般鸟类的眼睛都是长在头的两侧,而猫头鹰的眼睛和人的眼睛一样,长在面部的正前方,和人眼一样有双视功能,即两眼的视域重叠。但由于头骨的限制,它的眼睛已不是球形,而是向前后方拉长,成了一种"管状眼",角膜特别弯曲,虹膜撒开,可使瞳孔扩大,能够大量收集光线。由于眼睛为管状,不能在眼窝中转动,但它的脖子特灵,可转动180°,就弥补了这个不足。另外猫头鹰眼内视网膜上感光细胞的结构也有特点。我们知道动物和人眼的视网膜上都有两种感光细胞,一种是视锥细胞,能接收强光清晰的图像,对颜色很敏感;另一种叫视杆细胞,对弱光很敏感,也能形成清晰的图像,而猫头鹰的视网膜上主要是视杆细胞,其密度可高达每平方毫米100万个左右,而人眼只有14.7万个。另外再加上猫头鹰眼的瞳孔很大,分辨率极高,因此即使在黑夜它仍能看得很清楚。

听觉灵敏 猫头鹰的听觉也很灵敏,其特点是耳孔的四周布满雏褶和耳羽,这样可以扩大接收声波的面积。据研究,猫头鹰的耳朵对每秒振动8500次以上的高频率单波特别敏感,而鼠类和其他一些小动物发出的声音正好落在这个频率范围内。所以不论它在空中飞行或停在树上,鼠类的爬行或咬东西时发出的微弱声音它都能听清楚。

动物与人类的恩怨情结

猫头鹰的翅膀也非常有特色,它的羽毛特别柔软,飞行时几乎没有声音,可以出其不意地扑向猎物。

捕鼠能手 有人计算过,一只普通的田鼠,一个夏天要损坏至少 1 千克的粮食,而一只猫头鹰一个夏天能吃掉 1000 多只田鼠,这样一只猫头鹰每年可以保护 1 吨粮食。鼠类还给人类传染疾病,所以说猫头鹰是人类的好朋友,这种赞美可不是乱说的。

从生物学来说,猫头鹰是啮齿类动物(田鼠等)的天敌,在自然界中对鼠类的繁衍起到控制作用。科学研究证明,生存在自然界中的每一种生物都是自然选择的结果,它们在自然界中都有自己的一定位置及其特有的作用。所以在自然界中,生物之间的关系是一环扣一环的,是个错综复杂不可分割的统一综合体(即生态系统)。在这个系统中,总是不断地进行能量交换和物质循环,因此在自然界的生物间就维持了相对稳定的动态平衡(生态平衡),如果其中有一环遭到破坏,那么必然会造成一系列的恶果。

随着社会的进步和科学的普及,人们对猫头鹰已有了

第三章 有益于人类的动物

正确的认识,并且已把它列为保护动物,因此我们更应该保护猫头鹰和它的幼雏及巢穴,使它能更好地生活、繁殖,为民除害,造福人类。

(马仲实)

25. 猛禽——净化环境的功臣

在鸟类大家族中,有一类叱咤风云的强者:隼、鹞、鹫、鹰、鹗等,它们有捕杀动物的利爪和撕裂皮肉的钩嘴,被鸟类学家称为猛禽。

猛禽是有争议的鸟类,因其凶残而遭人憎恶,被当做厄运和死亡的象征。其实,"以貌取人"在动物世界也是片面的。猛禽甘当清道夫,是捍卫人类健康的卫士。

各种动物生老病死,在自然界留下它们的尸骸需要净化,否则将给动物酿成瘟疫,进而殃及人类健康。秃鹫常在海拔较高的山区活动,有时也飞到平原去。它除可捕食部门活的动物外,还兼食尸体和有病动物,这就减少了动物界以及动物和人间鼠疫、炭疽等传染病的传播。胡兀鹫也长年累月地搜寻地上的动物尸体,心甘情愿地为大自然清除腐臭脏物。鸢则喜欢单独在城镇、村庄、田野上空慢悠悠地盘旋。它虽然能够准确无误地捕食活动物,却念念不忘兼吃飘浮水面和弃在水旁的各种脏物,以及腐烂的小动物尸体,为净化环境做可贵的贡献。由于长期食尸为生,鸢鹫的体内产生了一种特殊的抗菌体。有人在鹰、鹫的巢中,发现过当地尚未流行开的传染病病菌,说明动物在把病菌带到各处之前,已被猛禽及时消灭了。大多数兀鹰吃腐肉,白背兀鹰吃垃圾。它们的消化系统能够杀死细菌,排泄的粪便也有消毒作用。所以,它们不像别的猛禽那样,随便将粪便

动物与人类的恩怨情结

抛弃,总是珍惜地将它涂抹在自己的双脚上,防止细菌从那里侵入肌体。

猛禽抓捕、撕食猎物的情景,很容易引起人们对弱者的恻隐之心,然而,绝大部分猛禽是嗜食老鼠、小型兽类和昆虫。一只雀鹰一年吃290多只老鼠,占总食量的80%以上;一只猫头鹰一个夏季能吃1000多只老鼠。

猛禽消灭老鼠,将细菌赖以滋生的动物尸体和垃圾除掉,不但对人类的身体健康有益,而且有利于其他健康动物的生存繁殖,加速了自然的物质循环,对促进生态平衡起着不可忽视的作用。值得注意的是,由于人类经济活动的影响,特别是环境污染和栖息地的破坏,猛禽数量锐减,有的已从地球上消失,有的濒临绝灭。抢救猛禽,迫在眉睫。

(《健康报》)

第四章 动物救人与人安乐相处奇闻

动物与人类的恩怨情结

1. 海豚救人记

在陆地上,狗是人类的忠实朋友;而在海洋里,人类的忠实朋友应该算是海豚了。某年初,在南非东岸,3个男人遇险被困在群鲨出没的怒涛中,万分危机,10只海豚忽然出现,把3人团团围着。它们不但像保镖一样将鲨鱼击退,还为3人带路,直至他们安全抵达岸边。海豚这种人性表现,令目击者十分感动!

被怒涛所困的是18岁的罗渣、33岁的泰利和34岁的彼得。他们当天从南非东岸出发,行驶约1海里后准备回程。突然,一阵大风浪把他们16英尺长的船翻倒,他们全部跌入海中。他们深知这一带经常有群鲨出没,当他们看到有鱼鳍划破海面时,以为死神来了!原来并非鲨鱼,而是一群海豚。那些海豚正发出尖叫,似乎在相互对话,继而把3人围住。

彼得回忆当时的情形时说:"当我掉下海里,但还是死死抓着那条绳不放。忽然间又一大浪把船抛开,我紧拉着绳,被拖了约300码。这时,围着我和同伴的海豚竟然懂得分组保护!有4只向我游来。我实在是精疲力竭了,正欲放弃挣扎,1只海豚竟用它的鼻子在我背后推我,那种感觉真神奇!似乎有人把我托起,一直托到船上。当我爬回船上后,环顾四周,真把我吓了一跳,原来有多条鲨鱼正在水中游来游去!"

最令我惊奇的,就是保护我的4条海豚,有3条竟然去驱逐正向我游来的两条鲨鱼。而留下的一条海豚紧贴着我,似乎在向我说:'不用怕,你会很安全的!'然后那3条海豚组成一堵围墙,把我与鲨鱼隔开。我仍很惊恐,因为我的

第四章 动物救人与人安乐相处奇闻

腿部受伤,而鲨鱼对血腥味是最敏感的。

这时我在海中沉浮,不明方向,忽然海豚又发出尖叫,推着我的船朝着一个方向游,我知道它们要带我返回岸上!它们一直保护着我,有时4条海豚离队四出巡视,约5分钟后又回来,发出的声音似乎是向其他的海豚报告些什么。

"我终于返回岸上了!我见到罗渣与泰利时,得悉其他6只海豚一直保护着他们游回岸上。我站在沙滩上,与海豚挥手说再见,它们一只只游过来,似乎要肯定一下我是否完全无问题,然后才消失在海中"。

"我永远不会忘记这些海豚,他们是我的救命恩人!"

2. 鼻瓶海豚救了我

我喜爱潜水运动,已有多次的潜水经历。一天,在一片宁静美丽的海域,我开始慢慢地下潜。水很暖,清澈见底,景色迷人。一群群色彩斑斓的鱼儿向我游来。一见我这条"大鱼",它们便像节日夜空的礼花般忽地散开,转眼又结成一群游开了,水深已有40英尺了。这是普通潜水的极限了,但我还不想浮上去,冒险常使我感到兴奋,我相信自己有这种能力。

突然,我的胃部痉挛犯了,我立刻意识到自己的失策,越来越重的痉挛已使我的身体不由自主地蜷曲起来,我惊恐地发现:我正在下沉!看了看检测潜水持续时间的手表,我知道在氧气用完之前,还有两分钟的时间!

"不能这样糊里糊涂地死掉!"我心里喊着:"有什么人、什么东西来帮帮我呀!"

就在这时,一个硬硬的东西在我后背靠后腋窝戳了一下。我心中一惊,"鲨鱼!"我绝望了,脑子里一片空白。紧

动物与人类的恩怨情结

接着,我的胳膊被一个强有力的东西挂住了,进入我视线的,是一只大眼睛,一只晶莹剔透的大眼睛!从这只眼睛望进去,我知道我是安全的。因为我感觉得出,这只眼睛里充满温情和微笑。这是一只海豚的眼睛。

它灵活地绕过我,在下方将我的身体一下一下地向上顶,接着又游上来,使我的右臂挂在它背部坚实的背鳍上。我完全放松了,我能觉出这只巨大的水中生物在向我传达着安全的信息,这就是:它要带我浮出水面。胃痉挛不知不觉地停止了,我的精神非常轻松,任凭它带着我飘浮。

随着哗啦的水声,在飞溅的水珠中我们浮出水面。多么好啊!我闭着双眼,尽情地享受着这种毫不费力地在海面上游泳的感觉。我知道它是在向岸边游去,直到非常浅的海滩。它几乎不能游了,才停下来。我的双膝已触到沙石,颤巍巍地爬起来,反过身来,用力推它的身体,把它推到水深一点的地方,这时我才辨认出来,这是一只年轻的鼻瓶海豚,是性格最活泼,对人类最友好的一种海豚。它能游起来了,两鳍轻轻地摆动,我跌跌撞撞地冲到海滩上,一下子瘫倒在地,忙不迭地喘息着。过了一会儿,我定睛望去,发现它并没有游走,而是面对着我,看着,等着,我明白了,它是想确定一下我是不是真的完全好了。

我脱下潜水衣和氧气罐,只身走进海中,走进它,就像是走进一种完全不同的环境。摸着它光滑的皮肤,我心中升起一种从未体会过的舒适,光明、自由和活着的美好。我把脸贴在它的头部,不断的亲吻、抚摸,它快活地一转身,将我托浮起来。在柔和的阳光下,在温暖的海水中,我们俩尽情地嬉戏。不知过了多久,我才发现,在远处,还有不少海豚在欢跃。

玩累了,它又把我送到岸边,我仰面躺下不停地喘息,

第四章 动物救人与人安乐相处奇闻

它在水中关切地注视着我。为了让它放心,我全力地站起来,不料又跌倒了。它赶紧又游到最浅的水中,侧着身体,用那只美丽的、晶莹剔透的眼睛注视着我,时间好像凝固了。我们的心,我们的情感已经被凝固在一起,永远不能分离……

不知又过了多久,我向它笑了,又挥了挥手。它明白了,发出一声轻柔好听的叫声,扭身向同伴们游去。

（中外期刊文萃）

3. 人和海豚对话

海豚是很聪明的。据研究,它的脑重约1700克,比人脑还重250克,难怪它才智超人。它学习的速度可以和人、猿相比,猴子需要几百次才能学会的本领,海豚大约只要20次就可以掌握了。

美国生物学家厄尔·默奇森曾对海豚作过智力测验,他向一只名叫凯伊的雌海豚提出了20个问题。默奇森在离海豚30英尺远的地方,将一些大小和形状不同的物体放入水中,然后问凯伊："那里有什么东西吗?"经过一番探测后,凯伊作出了令人满意的答复。它轻推一个红圆球,是说"有",轻推蓝圆球则是说"没有"或"不是"。"这物体是不是圆柱形的?"默奇森提出第二个问题。不管圆柱形的物体是木头、钢或铜做成的,也不管是空心的还是实心的,凯伊都能正确地一一作出答复。可是,当默奇森悄悄地把一块三角形的铁放入水中时,凯伊轻蔑地从鼻孔喷出一个水泡,答道："不是"。

实验表明,海豚能发出两种声音:一种是用来定位的,这是一连串快速的弹拨声;另一种是用来交换信息的吱吱

声,这就是海豚的语言。例如,海豚会用一种抑扬顿挫的声音,发出求救信号;也会用类似口哨的声音自我介绍:"我是海豚"。

研究海豚的语言是极为有趣的,有些科学家已经和海豚进行过交谈。看来,经过训练,海豚可以学会和人交谈,并按人的指示进行工作和游戏。

事实上,有些研究者已经在给海豚上语言课了。令人高兴的是,有的海豚已迅速地掌握了由12个字母组成的话,已经理解了一些简单的话,如"拿球来"、"打铃"等。看来使它掌握50个词,或更多的由词连成的句子,也是指日可待的事了。

目前,经过训练的海豚,已经能够带着仪器进行军事侦察,为潜水员传递工具,打捞沉在海底的物件,充当水下潜水员之间及海面与潜水作业人员间的往返联络,以及在大海里管理人工养殖的鱼群等。可以预料,一旦海豚语言的奥秘全被揭开,在征服自然的战斗中,它们将成为人类的忠实助手。

(孙众)

4. 海豚纪念碑

100多年前,航行在南太平洋上的航船,都苦于没有好的港湾落脚。新西兰南部的一些港湾,当时又未经勘察,谁都不敢贸然前行。1880年,这里出现了一条海豚,它总是在船头前方游来游去,海员们在这条海豚的带领下,畅通无阻地、安全地开发了一个又一个的优良港湾。这位优秀的"引水员"为各国海员服务了32年之久,直到1912年后人们再也见不到它。不久后,在新西兰北部的汉薄港又出现了另

第四章 动物救人与人安乐相处奇闻

一条海豚"引水员",人们亲切地叫它奥波·杰克。汉薄港

全城居民对这条海豚都爱护备至。可是有一天,杰克却突然失踪了,过了好几小时才在水底的岩石中找到了它的尸体。噩耗传出,吊唁信和吊唁电纷至沓来。当地人民把新西兰国旗盖在它身上,为这个人类忠实的朋友举行隆重葬礼,并特意为它建了一座铜雕纪念碑。

(鲁　秦)

5. 令人称奇的喜鹊

苏联尼古拉耶夫市第二中学三年级学生,米莲娜·扎瓦多夫斯卡娅与一只非常罕见、令人喜爱的喜鹊有着非常传奇的故事。

每天清晨,这只取名弗洛鲁什卡的喜鹊会自觉地飞入米莲娜的卧室,停在她的床头,不断啼叫,三番五次催促她起床上学。当米莲娜挎着书包去上学校时,它便一路陪送——或尾随而飞,或伫立其头顶。行至校门口时,这喜鹊又一阵啼叫,与主人"话别",独自飞走。临近放学时,它却早已停在校门口的树梢等候米莲娜,然后同她一同回家。无论刮风下雨,每天如此。令人费解的是,每逢节假日的早晨,这只喜鹊从不闯入米莲娜的房间。每天夜晚,弗洛鲁什卡也从不干扰主人的学习,而独自安息于窝巢。

去年10月中旬,米莲娜因肺炎住院治疗1周,这只喜鹊

动物与人类的恩怨情结

终日闷闷不乐,在病房中不声不响地陪伴了7个日夜。米莲娜病愈出院那天,米莲娜的母亲将医生送来过目的出院通知书放在病床一侧的小桌上,不料竟被此鹊衔了回家。

这只喜鹊从未只身在外过夜,它每次外出都能顺利返回,没有迷过路。一只普普通通的喜鹊对小姑娘米莲娜怀有如此深厚诚笃的情谊,使苏联科学家大惑不解。

据米莲娜母女介绍,这只喜鹊是她们一年前在金布尔斯河畔的沙滩上捡的。当时,小喜鹊浑身血渍斑斑,小翅膀和小腿多处受伤,奄奄一息。后经米莲娜苦心治疗和照护才转危为安,大难未死。之后,米莲娜走到哪里,就将它带到哪里,这样弗洛鲁什卡与米莲娜竟然成了莫逆之交。

(《西安晚报》)

6. 一麻雀与主人欢乐相处

重庆特殊钢铁厂工人邓成明在回家的路上,一只麻雀突然飞落到他的肩头,他将其带回家喂养,几天后把它放回大自然,但不久这只麻雀又寻路飞回,成了邓家的"一员"。

这只麻雀不怕人,在屋内飞来飞去,常歇在人的头上、身上,有时也飞出门外,与邓家邻居或过往行人嬉戏,并且它还特别喜欢凑热闹,见有人堆便飞过去,在人群中间飞来飞去,毫不惊诧,但生人要想捉住它,也不那么容易。

它十分调皮,邓家的小孩做功课,它去衔他的笔,抓他的纸,只要主人一回家,它便围着叽叽喳喳叫个不停,如果主人不喜欢它,它还会报复,将主人痛啄一下飞去。有时它还帮主人做"事",邓的妻子择菜,它在旁啄虫,每当邓家围坐门外看电视,它便忙个不停地捉飞蚊。

(《新民晚报》)

第四章 动物救人与人安乐相处奇闻

7. 刺猬救主人

前些年,部队养猪种菜,改善生活。所以,都向驻地农村租地,作为农场,有的为不占用农民的耕地,就开荒或围湖造田。我部农场就建在一片荒湖滩上,周围长满了茂密的芦苇,苇丛中生长着许多鸟及刺猬、黄鼠狼、獾等小动物,故事就从这儿开始了!

这地方由于多年没有人烟,所以野生动物并不怕人,还不时到战士们的宿舍来做客,时间一长和我们都混熟了,在这群小家伙中,给我印象最深的是住在连队猪舍里的一只叫"笨笨"的小刺猬。

有一天,我和一排长张庆浩从稻田里回来,快到住地了,远远地看见"笨笨"正东闻西刨地找东西吃,我喊了一声"笨笨"。小家伙听到有人叫,抬起头用小尖鼻子朝着我们向天上拱了拱,算是打了个招呼。告别了"笨笨",我俩继续朝连队走去。我在前边走得正带劲,突然听见路边的草丛"哗啦"一声,我定睛一看,有一条毒蛇向我们扑了过来。见此情景我慌忙后退,冷不防把走在后边的张庆浩撞了个踉跄,脚下一绊他"扑通"一跤摔在地上,我低头一看不知"笨笨"什么时候悄悄地跟在我们身后,刚才就是它把庆浩绊了个跟头。当时,我顾不上多想,拉起张排长向后急跑了几步,停下来我们回头张望,不觉被眼前的情景惊呆了。只见"笨笨"横在路当中,死死地挡住了毒蛇的路,一双小眼睛一动不动盯着那条毒蛇。毒蛇看到刺猬挡住了自己的路,像是被激怒了,只见它扬起脖子,尾巴抖动着,向"笨笨"爬了过来。蛇离"笨笨"越来越近,可"笨笨"依然横在路中央没有丝毫躲开的意思,毒蛇到了"笨笨"眼前,"笨笨"开始收缩

身子。它先将头缩进去,然后把四肢都藏到刺甲里面,身体团成了一个刺球,毒蛇似乎很得意,用自己的长身子将"笨笨"一圈一圈地缠起来。时间一分一分地过去了,竟然看不到"笨笨"有丝毫的反抗。就在我们焦急等待中,忽然,那球体抖动了起来,只见"笨笨"突然发力,身体猛力一张,全身的硬刺都直立了起来,毒蛇被一根根坚硬的刺扎得疼痛万分,蛇头左右摇动着。"笨笨"把身体一张一收,一次又一次地用坚硬的刺扎着毒蛇。开始毒蛇还做着拼命的抵抗,妄图用嘴去撕咬"笨笨",可小"笨笨"始终是只动身子不露头角,毒蛇怎么也找不到下嘴的地方,血不断地从蛇身上流出来,渐渐地毒蛇失去了反抗能力,脑袋慢慢地耷拉下来,一动也不动了。

过了一会儿,一看外边没了动静,"笨笨"这才探出头来四下张望,看见不远处站着的我俩,小家伙好像来了情绪,一下子从蛇下钻了出来,跑到我们跟前抬起身子两个后脚着地垂着两只前爪,向我们作揖报功。望着它那"憨傻"的样子,我俩忍不住捧腹大笑。

(胡 军)

8. 石斑鱼舍己救人

一名41岁的游泳爱好者——约瑟,在美国佛罗里达海滨度假。有一天午餐前,他跳进温暖的海水中,嬉戏乐趣。不料,水流湍急,瞬间被浪拥至大海,欲游回岸边之际,只见一群鲨鱼正朝他游来,他意识到生命危在旦夕了。忽然,手触及一硬物,他本能地紧抓不放,感到一股强力带动他,向着岸边快速前进。

约瑟稍稳定情绪,发觉自己抓住的是一条巨大石斑鱼

第四章 动物救人与人安乐相处奇闻

的背鳍。那条大石斑鱼似通灵性,疯狂般带着他向前游去,冲上了沙滩。筋疲力尽的约瑟,随之倒在沙滩上,捡回一条命。那条体长9米多的大石斑鱼,也用躺在沙滩上,奄奄一息,不久就死了。

此情此景,引来了不少沙滩上的游泳者围观,人们纷纷议论:石斑鱼救人,是世上罕见的奇迹。

(姜存楷)

9. 小花猫救主人

小花猫及时报信,救了它主人的一条命,这事在辽宁省新金县普兰店镇被传为奇闻。小花猫的主人是新金县音像打字复印中心的打字员李娜。2月3日晚,李娜被房中煤炉子倒烟冲出的一氧化碳熏昏不省人事。这时,她养的花猫

跑到她父母的房门前,又是叫,又是挠门。李娜的父亲被吵醒开门后,小花猫用嘴咬住他的裤腿一个劲地往门外拉,一直把他拉到李娜的卧室里。这样,李娜才幸免于难。

(《今晚报》)

 动物与人类的恩怨情结

第五章 与凶猛动物和平共处的奇人奇事

第五章 与凶猛动物和平共处的奇人奇事

1. 密林遇熊

我们勘察设计人员,工作艰辛,经常出入在密林深处或沙漠戈壁。在一次密林勘察中,草深林密,无路可走,杯口粗的竹子紧紧挤在一块,砍不断,推不倒,硬是像道道天然屏障。芭茅草、飞机草高达两米以上。草丛中间夹杂着撑天的杂木,杂木中间盘着带刺的长藤。这给我们公路走向的踏勘工作带来了意想不到的困难。

正当我与裴工愁眉不展时,阿桑激动地说:"有路啊,快过来!"他指的是竹林中的一个洞。洞两边的竹子东倒西歪,野兽吃剩的残渣一小堆一小堆的,蜿蜒伸向远方。没等

动物与人类的恩怨情结

我作出判断,裴工便说是黑熊来吃嫩竹笋开出来的路。

是沿"黑熊专用路"走出去,还是从密不可分的竹林钻出呢?选择后者,我们至少要多花四五个小时。我捡了几点残渣一看,还很新鲜,就说熊刚吃过,黑熊可能还在前面,不能走。可裴工急了:"在这不见天日、潮乎乎的林子里,吃过10天半月也是新鲜的。"说毕便带着我们顺着"黑熊专用路"蹒跚前行。

当我们走出竹林时,发现了一堆堆还在冒着热气的熊粪,我的心一阵紧张。真险!我们立即朝一座崖下的秃杉林里转移,各自述说着对刚才险情的推想。正当我们说得热闹时,只见前边的树木伴随着喊哩喀喳的响声摇来晃去,紧接着传来了"扑哧扑哧"的喘息声,我们一下子紧张起来,心跳到了嗓子眼。瞬间,只见一头大黑熊窜了出来。"快跑!"听到招呼声,我们不顾一切地转身飞奔。

千幸万幸,不知为什么,大黑熊并没有追,而在我们后面悠然自得地走着,顺便也找一点东西吃。一小时后,我们已把老熊甩得远远的,来到了中缅边境的一条小河边。在河畔,我们找到了一片茂密的野山桃林,边休息边吃山桃,约过了50来分钟,各摘了一小袋山桃,便爬上一个有两间房大的巨石上,想歇口气。刚坐定,突然几声巨吼震撼着山林,接着,一群野猪与一头大黑熊互相撕咬着闯进我们刚才捡山桃的地方,吓了我们一大跳,但我马上本能地想起傈僳族朋友讲的森林中兽王的排列——一猪二熊三老虎。如果在森林中遇到有名的猪熊相斗,不如在一旁观战,到时候,必然是两败俱伤,可坐收渔利,吃美味的熊掌了。于是我们三人便躲在石头背后仔细察看森林中的这场恶斗。

只见老熊气势汹汹地冲向野猪,野猪也不示弱,一个个张开血盆大口,露出了一对特大锋利的獠牙,怪叫着箭一般

第五章 与凶猛动物和平共处的奇人奇事

冲向黑熊。它们怪叫着张牙舞爪扭成一堆撕咬。渐渐地，老熊势孤力弱，有点招架不住，停止了进攻，四脚朝天躺在地上，前爪护着头，后爪护着肚子，那对力大无比的熊掌左右开弓，使劲抓打。野猪越来越猛烈地向它进攻，把整个安静的森林搅得尘土飞扬，吼声雷动。野猪这时竖直全身的鬃毛，从老熊身边一擦而过，老熊惨叫一声，身上已被野猪的獠牙撕破了一个大血口。眼看渔翁可得利了，阿桑竟高兴得手舞足蹈，不慎把一块风化石踩落下去。这下坏了，老熊、野猪发现有人，都无心恋战，一下跑得无影无踪。

以后三天，我们都没有发现熊的踪迹，测量、计算、绘图开展得顺顺当当。

第四天，我们背着勘测工具和露营装备，整整走了一天。傍晚，我们来到了海拔 3500 米的高黎贡山流石滩稀疏植被地域，在一座背风的板岩下，架起了帐篷。正准备晚餐，猛一抬头，只见 30 米外有一头极大的黑熊，正在缓缓地沿着一块碎石堆积起的流石滩上绕圈。这是一头老年大熊，足有 400 多斤重，动作蠢笨、迟缓。它的外表显得肮脏、苍老，皮毛卷曲纷乱。我们一看见它，连心都快要蹦出来了。裴工劝我们沉住气：这一带的黑熊特别多，当地人讲，只要不伤害它，不招惹它，一般地说不会有大的危险。我们决定还是继续吃饭。谁知，它与我们对望了很久，态度很友善，之后便摇摇摆摆地走了过来，不客气地离我们三米左右的地方蹲坐下来，全神贯注地看我们的活动，注意力似乎又转到罐头瓶上。裴工顺手拿了一个"红烧牛肉"蹑手蹑脚地向前移，黑熊贪婪地站立起来，向裴工挪了两步。裴工怕它会扑上来抢，连忙将"红烧牛肉"抛过去。它一口叼在嘴里，一咬，喀嚓一声，罐头瓶子破了，嘴角流出了殷红的鲜血，我们一个个毛发倒竖。幸好熊大哥没有发怒，心安理得地将

动物与人类的恩怨情结

玻璃、牛肉倒出来,再用前掌抓开玻璃,将牛肉吃下去,然后又伸出舌头将流在石头上的汤添得一干二净。

当裴工抛给它第二个罐头时,黑熊更挨近了我们一些。这次它没有用嘴咬,而用前掌轻轻一击,嘭的一声,罐子破了,而掌并没有出血,熊掌上的老茧实在太厚了。黑熊吃完后,还怀着期待的乐趣添添嘴,希望我们再给它,可我们真的没有了。蓦地,阿桑想起他父亲说过的话,"熊爱吃盐",他便打开食物袋,给了它半把盐,果然黑熊高兴地舔起来,添完盐后站起来,打了一个饱嗝,然后走到山林里去了。

以后的几天,我们都未碰上熊,按质按量完成了踏勘任务,回到了山下一个叫栗树寨的村子,辞谢了当地干部群众,满怀喜悦归来。

(杨继红)

第五章 与凶猛动物和平共处的奇人奇事

2. 捕熊记

"我们去捕捉一头熊吧！"我对美国朋友鲍勃和詹姆斯说。那是五月里的一个美丽的早晨，我们从内华达山脚下的刘易斯镇动身进山，为的是见识一下梦幻般的约塞米蒂谷自然保护区。

我们乘坐的是詹姆斯那辆老掉牙的汽车，是他在18年前从一个喜爱杯活动中游方传道士手中赢来的。我们把车停在路边，然后在阳光下进早餐。

我们一杯连一杯地喝着。詹姆斯祖籍爱尔兰，是个大酒囊。他低声咕哝："我们一个个喝得猴儿似的，碰上熊可怎么办？"

鲍勃正将蜂蜜浇到面包上，他说："熊在自然保护之列，不允许碰弯它们一根毫毛，再说，我们连一支手枪也没有。"

"要捕捉，而不是狩猎！"我说。

詹姆斯说："要是我们碰到熊，就从车里往外扔几块糖果，或者扔一条巧克力，然后继续开车，要不这些家伙会纠缠不休，甚至会发动攻击。尤其它们发现你是个德国人，来这儿的目的又是捕熊。"

一瓶杜松子酒喝空了。"再来一瓶，"詹姆斯对鲍勃说。

鲍勃朝汽车走去，在司机座位旁的一只木箱里取出一瓶酒，拧开瓶塞为每个人倒酒。

待我们喝第六杯之后，我提议到树林里散散步。

詹姆斯不太乐意，但还是站了起来，我们什么都没收拾就出发了。20分钟后，我们返回来，发现出了事。

我走在前头，发现车里有人在捣鼓什么。我们偷偷地从后面接近汽车。

"真见鬼!"詹姆斯说。

"我本该把车门关上,"鲍勃内疚地低语着。

我吩咐鲍勃和詹姆斯在原地别动,自己蹑手蹑脚地向前挪步,然后一下子蹿到门前把车门关上。感谢上帝,车门的玻璃窗本来就是关上的。

事情和我料想的不同。

车里不是什么人,那是一头熊!它双掌捧着蜂蜜瓶,歪着脑袋,像一个坐办公室窗口边的大爷。它用那暗红色的大舌头舔着瓶子。

我马上退了回去。詹姆斯这辆汽车的车门锁很差劲,也许半天打不开,也许轻轻一碰就开了。

我们离车大约有10步。"它现在还平静,"詹姆斯说,"但等它舔完了,情况可能起变化,我们不能惹它。"

"要是它出来就糟了,我们往哪儿跑?"鲍勃说。

我说:"只有一个地方对我们是真正安全的,就是在这辆汽车里。我们必须从后面上车,把车门锁牢,然后等到它走开,或者把它赶走。"

"我看,你是想抓住它,"詹姆斯说。

熊把蜂蜜舔光后就在木箱里掏,木箱就在它身旁。它找出了巧克力,大口嚼了起来。

就在这时候,我们轻轻地从后面上了车,熊却毫不理会。

我们在后座并排坐在一起,惴惴不安地望着它,看它如何大嚼干酪。玻璃纸箍住了它的一只门牙,给它添了不少麻烦。待它嗷嗷几声从中摆脱出来后,它抓起了一个瓶子。

詹姆斯痛心地叫了起来。他看见,那是一瓶威士忌!他急了,甚至用手敲玻璃隔墙。熊这会儿可转过身来了,它的眼睛闪射出阴险的光芒。

第五章 与凶猛动物和平共处的奇人奇事

　　它想把瓶中之物灌到喉咙里去，尝试了几下没灌成，便用它的牙齿将瓶盖掀去，并十分投入地喝了起来。突然，它一定觉得这种它从未喝过的果汁在胃里"烧"了起来，于是爪子一松，瓶子跌落了，它就怒吼起来。它把坐垫摔来摔去，拍打车门，拉扯方向盘和变速杆。突然，我们发现汽车慢慢地动起来。马路稍微有点向前倾斜，也很宽。这是最自然不过的，我们的车开动了。怪！是怎么开的？

　　车启动了，熊似乎感到自己被捕了，突然陷入惊骇之中，试图逃脱。它在四周乱打乱摸，一再捣鼓车门。它想从窗口钻出去，那玩意儿它没法理解。它重新回过头来捣鼓车门，而车门这会却紧闭不开。它这样来回折腾，车真的跑开了。汽车歪七歪八地前进，因为司机的操纵毫无章法，一会儿向右，一会儿向左。突然车停住了，因为熊踩上了制动踏板；车又开动了，因为没有把车刹牢。车轮向前滚去，速度慢慢加快。这简直是奇迹，我们竟没有钻到灌木丛里去。更值得惊奇的是，那头熊似乎逐渐领会了方向盘的功能。它随心所欲地摆弄方向盘，到了后来，它就像马戏团里骑自行车的熊操纵车把那样操纵方向盘。它把爪子放在方向盘上，不安地一会儿向左转，一会儿向右转，同时发出呜呜的怒叫声。它的表现好像驾驶学校里一个还算过得去的学员。

　　我们在后座直冒汗。我们试图商量出一个办法。

　　"打开车门，跳出去！"鲍勃说。

　　"我的宝贝汽车！"詹姆斯叫起来。他对这条建议非常惊慌。

　　"打开前门，"我建议道，"把它摔出去！"

　　"你试试看！"詹姆斯吼道。

　　我打开后门，鲍勃牢牢攥住我。前门卡住了，打不开。

将后门再关上也费了好大的劲。

这时，熊疯了似的发起怒来。它的屁股并不适应座椅，它突然从座垫上滑了下去，以全身的重量压在制动踏板上，制动器发出尖锐刺耳的声音，我们被撞得横七竖八，汽车蹦蹦跳跳，摇摇晃晃地停了下来。

"下车！"詹姆斯喊道。他打开右后门，便朝树林奔去。鲍勃在后面撑他。我也想学他们的样，但直觉告诉我，让熊留在车里可不是事儿。我还感到：不动脑子，就不会阻止这次很幸运的冒险，岂不愚蠢？这头熊不是已被抓住了吗？难道该把它放跑了？

熊在咆哮，拼命挣扎，试图脱逃出去。

机不可失，事不宜迟。我跳到车外，迅速用一块石头堵住左前轮，然后通过开着的后门，上身躬入车内，将隔墙上的半扇窗朝边上推去。

熊终于从方向盘底下钻了出来，并朝座椅上爬。正因为它向上爬，很自然地就爬进了宽敞得多的汽车后部，通过开着的后门，它嗅到了原野的气息。

我迅速将后门关上。正当熊扑通一声进入汽车后座时，我使劲将右前门打开，并将隔墙上的拉窗重新推上。在关窗之前，还没有忘记将我们带着的樱桃白兰地抛到后座上。这瓶酒还剩三分之二，它的软木塞上还沾有甜果子酒。熊抓起了酒瓶，在上面舔，用牙齿拔出了轻轻塞在上面的瓶塞，就喝了起来。开始时，它有点犹豫和猜疑，接着咕嘟咕嘟地喝得称心满意。

我猛地跳下汽车，朝詹姆斯和鲍勃呼喊，他们刚巧好奇地从树后露出来。我一脚踹掉塞在左前轮的石块，飞快上车，嘴里喊着："上车，上车"，并试图起动发动机。

发动机不听使唤。但是，当鲍勃和詹姆斯犹豫地跳上

第五章 与凶猛动物和平共处的奇人奇事

车子时,制动器自行松开,我们开始向前滑行,这时候发动机也启动了。

我们向前开去。

我不能转过头去看,但詹姆斯不停地报道情况:

"它还在喝,它安静下来了,它躺下了,它又起来了!它又慢慢倒下,它一定是喝醉了,邋遢鬼!"他突然叫起来,"它在撒尿!"

"让它撒吧,"鲍勃说,"这是个很好的信号!"

他说得对。那熊轻松地在已磨破的座垫上伸展身子睡着了。

"你往哪儿开?"詹姆斯问。

"朝刘易斯镇,"我回答说。

"对,开到刘易斯镇去,"鲍勃附和道,"一定会引起轰动!"

在下一个路岔口,我掉过头来,沿着原路回去,经过我们用早餐的地方,驶向刘易斯镇。

途中,在路边还站着两头熊,它们抬起前掌像在乞讨。詹姆斯将几颗糖果扔出车外。"对不起,"他喊道,"我们有急事,先生们!"

驶到刘易斯镇差不多要花两个小时,不知道那头熊能否安静这么长时间。于是,我们在一家酒馆前停了下来。詹姆斯拎上来威士忌和樱桃白兰地。我们把樱桃白兰地的软木塞几乎完全拔了出来,小心地把酒瓶放到正在酣睡的熊身旁,然后继续开车。

我们的考虑真是对极了,到达刘易斯镇前半个小时,熊醒了,发现了酒瓶,它贪婪地吸吮,然后又睡着了。

大约在下午一点钟,我们开进了刘易斯镇,停在镇政府前,并报告情况。行政司法长官带着6名警察、绳索和冲锋

动物与人类的恩怨情结

枪来了。当他打开车门时,半个镇子的人已围集在那里了。

熊醒了。它终于四脚着地爬了出来,用混浊的眼睛朝人群看,然后摇摇晃晃地坐了下来。

它似乎在说:"你们想把我捆起来就捆起来吧,我完全醉了。"它然后慢慢地倒了下去,它躺在担架上,被推进一辆救护车。

(张兆奎译)

3. 与巨蟒"和平共处"15年

1989年6月28日深夜,美国佛罗里达州劳德岱堡市一处高级住宅区居民史帕丁,听到他家后院传来一阵奇怪的声响,于是他走到屋外想看个究竟,结果吓得他说不出话来:一条约6米长的大蟒正卷住一头浣熊!

这样大的蟒可以轻易吞下一个小孩,可以缠住并勒死一个大人。

史帕丁第二天便打电话向警方报告此事,警方马上找了几个捕蟒专家赶到史帕丁家。但已找不到大蟒的踪影,只在史帕丁家下面找到几处蟒洞,洞口直径约有40厘米。

发现大蟒的消息传出后,整个社会出现恐慌,家家都看好自己的小孩子和小宠物,一到晚上就关门关窗,不敢随便出入。

8月17日,迈阿密最著名的捕蛇专家哈维克亲自出马。他带了3个助手把蟒洞的洞口挖开,3名助手从屋后的蟒洞爬了进去,他们都带了垃圾桶的铁盖作盾牌,以抵挡大蟒的攻击。哈维克本人则守在屋前的蟒洞口。

3名助手一直爬到史帕丁的餐厅底下才发现那条大蟒,他们3人合力把大蟒往前赶。哈维克等到大蟒接近时,立

第五章 与凶猛动物和平共处的奇人奇事

即用铁丝套住蟒头,然后用力向外拉。大蟒发出可怕的嘶嘶声,并且用力挣扎。双方缠斗了将近半小时,哈维克好不容易把大蟒拉出洞,将它装进睡袋中。

据专家推测,这条亚洲大蟒本来可能是附近某一人家所养的小宠物,后来因为长得太大了,养主负担不起,就把它放生到史帕丁住家附近的公园里。由于公园里有不少小动物,大蟒觅食没有困难,于是愈长愈大,终于长成了一条惊人的大蟒。

专家估计,这条大蟒躲在史帕丁家底下至少已有15年,平常昼伏夜出,所以一直没有被发现。

4. 乔安娜与鲨鱼和平共处

鲨鱼是凶残的嗜血动物,然而13岁的西德少女乔安娜·比格勒却能与鲨鱼和平共处。

乔安娜的父亲喜欢养鲨鱼,乔安娜也就从5岁起开始和鲨鱼玩耍。久而久之,只要乔安娜一进入池中,10余条鲨鱼就簇拥在她的周围,亲昵地窜来窜去,甚至张开布满利齿的大嘴,将其娇嫩的小手含在手中。

人鲨共处,确属罕见。精于生意经的父亲灵机一动,决定制作一个能存贮水的玻璃缸,让乔安娜身穿游泳衣,带着气筒,在缸中表演人鲨嬉戏,在国内作巡回演出。

(张 玺)

5. 神秘的友谊

迈出友好的第一步的不是人类,而是灰鲸。

清晨的阳光在大西洋洋面上闪耀,波拉和12岁的外孙女瑞安娜爬上一艘小船,两人要亲眼目睹马格达莱纳海湾的奇迹。

神奇的灰鲸 他们请当地的一名渔夫做向导。渔夫将船驶入海湾,航行了大约有半海里,忽然船头前面出现一个硕大的脑袋,上面的眼睛足有垒球那么大。转眼间,一头身长3倍于小船的灰鲸完全浮现了出来,一动不动地漂浮在他们旁边。一时间船上3人都屏住了呼吸。稍后波拉和瑞安娜伸出手,小心翼翼地触摸这个巨大的动物,手触到的皮肤光滑柔软得不可思议,摸上去像丝绸一样舒服,手碰到哪,哪就会鼓起一个小包,就像是里面有一个湿乎乎的管子在不断地冒泡。这头大鲸鱼任人抚摸,甚至肯和人们贴贴脸。过了一会,它好像玩厌了这一套,开始在水里游来游去。它先是左右翻滚,然后一会儿全力向前冲刺,一会儿又绕着他们的船打转。最后它又开始一种新玩法,在水中作出许多新奇的动作。要不是亲眼看到,很难相信这个庞然大物居然也如此灵巧。

那天晚上,他们宿在岸边的一座草屋里。莫雷尔和他们在一起,他是第一个接近并和这群加利福尼亚野生灰鲸嬉戏的人。他把头上戴的棒球帽推到脑后,开始回忆当初的情景……

灰鲸的友谊 1972年1月的一个早晨,莫雷尔和他的同伴佩雷一起到马格达莱纳海湾捕鱼,在这个小海湾里游着百头灰鲸。通常,每年11月到来年的4月,灰鲸都会在此度过它们的哺乳期。渔民尽可能地远离这些庞然大物,据说任何一艘胆敢靠近的船都会被它那威力无比的尾巴打碎。莫雷尔已在海上捕了16年的鱼,从来没听说有人碰到灰鲸后能活着回来。

第五章 与凶猛动物和平共处的奇人奇事

莫雷尔顺着海潮努力划着船,无意中朝船头看了一眼。老天!一个硕大的脑袋在船前出现,是一头正向他们游来的灰鲸!莫雷尔几乎听得到自己"砰、砰"的心跳声,同伴也被吓得面无人色。两人差不多要绝望了,双膝跪地,向上帝祈祷。灰鲸轻轻挨近他们的小木船,在船两侧游来游去。它一会潜入水中,一会浮出水面,一直不停地用头碰碰小木船。这样大约持续了一个小时,莫雷尔的好奇战胜了害怕,他站了起来,甚至想用手去摸它。不知过了多久,灰鲸像来的时候一样,潜入水中游走了。

这件事很快传开了,对长期在海上的渔民来说这简直是个奇迹——一头灰鲸碰到了两个渔民,但它却好像只想和他们玩玩,而且还让他们毫无损伤地回来了。令人百思不得其解!

灰鲸的命运 1000年前,由于墨西哥加利福尼亚州没有其他动物的侵扰,加利福尼亚灰鲸习惯在这里孤零零的过冬。到了1845年,有两头灰鲸游进马格达莱纳海湾,立

动物与人类的恩怨情结

刻发现这是它们生产期的绝佳庇护所。

捕猎灰鲸并不容易,尤其是在哺乳期的母鲸,它们会发了疯似地拼命护着幼鲸,毫不留情地咬伤或咬死落水船员。捕鲸人都很清楚鲸是很难对付的,但唯一令他们真正害怕的只有灰鲸。那时,他们称灰鲸是"魔鬼鱼"。然而灰鲸仍然无法同人类抗衡。从那以后,捕鲸人开始着手封锁海湾,在里面布下了天罗地网,无数灰鲸的尸体被冲上海滩。一直到1947年,国际上才达成共识:保护加利福尼亚的灰鲸,禁止商业捕杀。这时,这种哺乳动物的存活量已不足500头。在接下来的几十年里,马格达莱纳海湾又重新成为灰鲸的避难所,现上升到24000头。

1976年1月,一艘科学考察船在马格达莱纳海湾下锚观察灰鲸的活动情况。正当他们从船上放下橡皮筏子想上岸时,一头成年的灰鲸游了过来,开始和缆绳闹着玩。船长和船员都拥到船边,以便看个清楚。最后甚至有人伸出手摸了摸这个7吨重的"小家伙"。第二天,又来了好几头灰鲸。在接下来的一个月里,越来越多的灰鲸游来和人们嬉戏。

消息迅速传了出去,科学家们成群结队地来到这座小岛,水面上出现的灰鲸也越来越多。最后,连那些渔民都和灰鲸交上了朋友,灰鲸们很快博得了"友好"的名声。

神秘的友谊　一直到现在,人们还在思考着一个问题:灰鲸为什么要接近人类?它们到底想要什么?

一位圣地亚哥的灰鲸专家吉米认为,说不定这种在人们心目中"臭名昭著的怪物",早就有心和人亲善相处了,只是一直不被人们接受而已。

另外一些科学家认为,海豚、齿鲸和须鲸,对触摸很敏感。也许是因为在灰鲸对人表示好奇时,得到的回报是友

第五章 与凶猛动物和平共处的奇人奇事

好的抚摸,所以它们一而再地主动接触人类。

这真能解释灰鲸的行为?有没有更多的理由?不管谁的说法对,我们都似乎穿越边界,进入另一个世界。迈出第一步的不是我们人类,而是灰鲸。

(鄢瑾 编译)

6. 我和毒蛇交朋友

有些朋友问:"你是不怕毒蛇的吧?"

怎能不怕!被无毒蛇咬了一口还会流血作痛,何况是毒蛇?人命关天的事,谁都不能粗心大意。当然,由于科学研究的需要,我在经常和毒蛇打交道的过程中,逐步摸索到各种毒蛇的不同脾性,学会了一点制服它们的诀窍。在此期间,我也冒过风险,吃过苦头,要想真正学到一点本领,这些都是难免的。俗话说:"吃一堑,长一智",比起从前来,我算是聪明了一些,现在让我跟毒蛇打交道,已经不会再害怕得像惊弓之鸟了。

松蛇紧鼠 回想起我生平第一次捉蛇的经历,至今还觉得脸上发烧。那是1975年,为了做生物化学研究,老专家让我去抓几条竹叶青。按理说,这竹叶青在毒蛇中间并非最难对付的,何况老专家还在事先向我作示范表演。我壮壮胆子开始抓,一连抓了10多条。遗憾的是:这10多条竹叶青,竟有四五条被我"报销"了。原因是我在捉蛇时,深怕被它咬了,所以看准蛇的"七寸"紧揪不放。我越是抓得紧,它就越是拼命挣扎;它越挣扎,我就越是抓得紧,直到它动弹不得为止。事后,老专家告诉我:捉蛇要有诀窍,用行话说,叫做"松蛇紧鼠"。就是说,捉老鼠时要抓得紧,不让它逃窜;捉蛇时则要放松一些,不使它感到难受而挣扎。松

动物与人类的恩怨情结

紧恰到好处,既伤不着它,又能使它乖乖就范。

竹竿的妙用 我们捉蛇时随身带着一米多长的竹竿,它轻而有弹性,使用起来轻巧方便,也不致把蛇打伤。

眼镜蛇遇见人总是凶相毕露,呼呼作响,向人迎面扑来。此时只要用竹竿往蛇身上一压,把它按倒在地,刹住了它的威风,就不难手到擒来。眼镜蛇的"发威",好比是事先向人打个"招呼"——"我在这里",给人以戒备的时间。所以,你千万不要让它那咄咄逼人的气势所吓倒。只怕那些搞突然袭击的毒蛇。有一次,我走近一条五步蛇身边,这条颜色泥土般的毒蛇正懒懒地躺着,像死了一般。谁知突然它像弹簧那样,冲向我的腿部。好险哪!如果它再向前一厘米,就被它咬到了。还有一次,一条特大的五步蛇突然从笼中往外猛冲,向我们扑来,经过反复周旋,好不容易才用竹竿把它压住。

银环蛇素来给人以"温良恭俭让"的印象。1977年我出差湖南时,每天都要徒手从笼中取出几十条银环蛇来采蛇毒,从未发生过意外。因此,我对它的好脾气深信不疑。可是在1981年夏天,当我到广东汕头地区采购一批银环蛇时,却碰到了麻烦。它们一反常态,弄得我措手不及。当时我在旅途中,为了便于照管,就把关着银环蛇的铁丝笼放在床边。谁知这些白天看来非常文雅的懒虫,一到夜幕降临时竟会龙腾虎跃起来。它们不甘受束缚,拼着老命想冲出牢笼。及至深夜,竟有两条把大半段身体伸出了笼外。我只好四面招架,左右堵截,闹得我筋疲力尽,整夜不得合眼。原来,银环蛇的视力有个特点:白天它的眼发花,可是一到黑夜,它的夜视力很好。

谁说蛇不吃死动物 "人是铁,饭是钢,一顿不吃饿得慌。"此话对人来说是确切的,蛇可不是这样。不要说一餐

第五章 与凶猛动物和平共处的奇人奇事

不吃,就是几天不吃甚至几个月不吃,也能挺得住。不过据我了解,经常给蛇喝喝水、洗洗澡倒是很要紧的。有一年夏天,我从湖南带了两条供研究用的蛇回单位,蛇是被关在竹箩中拎在手里的,一路上,我并不为它们的"吃饭问题"操心,事实上蛇被关在"螺蛳壳"里坐禁闭,即使给它吃顶呱呱的美味佳肴,它也会拒绝。但我很注意经常给它们供水。即使自己忍着干渴,也要省下一些饮水泼在蛇身上。有一次来到江边,我带着蛇箩一起下到水中,跟两条蛇旅伴洗了个痛快澡。一经沐浴冲凉,它们原来那种没精打采的模样立即为之一变,出落得生龙活虎似的,不住的伸吐它那分叉的红舌,仿佛在向我表示感谢。

有些蛇类学者认为,银环蛇专吃活的动物,连刚咬死不久的小动物也是弃之不问。英国著名的动物学家H·W·帕克也说过:"蛇类当中既没有草食性的,也没有吃腐肉的,而全都是严格地肉食性的;在野外正常情形下,甚至刚被杀不久的动物也不愿吃。"但据我的观察,情况并非全如此。我曾对人工喂养的银环蛇作过试验,把刚买回的泥鳅放在冰箱时里冰着,每天放一些在蛇窝里,等到次日清晨去检查时,这些死泥鳅已被吃得一干二净。

毒蛇中对食物最不挑肥拣瘦的要算是眼镜蛇了。我多次观察到,甚至有点发臭的老鼠和蟾蜍等,眼镜蛇也能吃得津津有味。有时候,它们也会在几种食物中间挑选它最喜爱的吃。我发现,在青蛙和蟾蜍二者当中,眼镜蛇更喜欢吃蟾蜍。当它食兴高时,一口气竟能吞食三只蟾蜍。

蛇能施行催眠术,让小动物乖乖地送上门去让他饱餐一顿。从表面现象看来似有可信之处,因为人们有时确会看到小白鼠、蟾蜍等在慢慢地往蛇洞里钻,仿佛是着了魔似的。但经仔细一观察,谜就被揭开了。原来这些小动物是

被眼镜蛇咬住头部拖进去的。还有几次,我亲眼观察到眼镜蛇咬了小动物之后先丢下不管,这些小动物看上去就像是躺在蛇身旁发呆,其实不是中了什么"催眠术",而是中了蛇毒。

有些玩蛇者老爱吹嘘它所饲养的蛇对主人是如何如何地温顺驯良,能领会主人对它的情谊,简直就像是猫咪对它的女主人似的。事实上,毒蛇对于饲养它的主人是没有"感情"的,我就被自己喂养的毒蛇咬过近10次。连我苦心孵化出来的幼龄眼镜蛇,对我也毫不客气。唯一的例外是银环蛇和金环蛇,尽管它们也拥有强大的武器,可它们并不随便张口咬人。这倒并非他们懂得什么人类所标榜的恩义,而是出于它们这个家族的传统脾性。

有人说,蛇是越小越毒,被幼蛇咬伤,危险性最大。这话并无根据。我曾被出世第一天到半个多月的幼龄眼镜蛇咬过四次,每次被咬后,我总要等到手头的工作告一段落时再将毒液挤去,然后再用水冲洗一下伤口,除了略感微痛和留下黄豆大一处浅红色区域痕迹外,并无其他。如果被成年毒蛇咬了,哪有这等便宜的事!其实,从科学角度来看,幼蛇的各种器官都比较稚嫩,它的毒腺发育也有一个过程,决不能说幼蛇的素养腺分泌的毒素比大蛇更毒些。

这里是它们的极乐世界　在广州暨南大学的校园深处,新建了一处蛇园。各种毒蛇和一部分珍稀品种的无毒蛇,把这里当做了自己的安乐窝。一只只迭架势的抽屉,是它们的"寓所",抽屉内侧各有两个园洞,它们可以自由地穿过园洞进入专为它们开辟的运动场。在运动场里,有萋萋的芳草地,有流水淙淙的小溪和水池。草地上有奔鼠跳蛙,也有步态蹒跚的癞蛤蟆(蟾蜍);水池里有泥鳅黄鳝,以及出没不定、时沉时浮的小鱼。蛇园的建成,对栖息在这里的各

第五章 与凶猛动物和平共处的奇人奇事

种毒蛇固然是一处"极乐世界",对我们这些蛇迷来说,也不愧是一个理想中的科研场所。在这里我们不用跋山涉水,随时都可以对各种毒蛇进行观察和实验,取得第一手资料。

1982年,我们欣喜地看到银环蛇和眼镜蛇在抽屉里产下了五六十个白花花的蛇蛋,这说明它们已经习惯了在这里的环境,并开始繁殖了。

不要小看这些"长虫",它们还很有点享清福的小聪明。我们为这些新来的朋友安置了一格格迭架势的抽屉,希望它们各就各位,自立门户。但它们却要按照自己的意旨行事,每当春雨绵绵的季节,它们多半出现在上层抽屉中;等到干热的夏天,它们又拥到了底层。甚至在一天中气候速变时,它们也迁移几次。即使在同一个抽屉中,究竟是前半部分比较适宜还是后半部分更称心些,它们也要讲究一番。总之,它们千方百计地选择温度和湿度最适合自身需要的栖息环境。它们跟我相比,可说是爱挑剔得多了。

一些传说中讲到,蛇有一身土遁、天遁、水遁的绝技,确不确实呢?据我的观察,它那技艺是高超的,但不像神话故事里讲的那样玄妙。它们身缠竿索可以向上攀爬;扩展胁骨能够身贴方形墙角越过高墙;还能利用松土裂隙打成"越狱"的地道;至于在水中,则更是能泳能潜。但是,我们暨南大学的蛇园,墙是光滑无比的,而且墙角是圆弧形;草地下面铺着水泥,池子也用水泥砌成,毫无空子可钻;在蛇园的上面还罩着铁丝网,使得它插翅难逃。

(劳伯勋)

动物与人类的恩怨情结

7. 一个与狼朝夕相处的人

"他像狼那样嚎叫,和狼一起猎食,与狼一块睡在莽莽丛林中,不时还同狼'侃侃而谈'。只要他向漫漫夜空一声长啸,阵阵狼嗥便立时从四面八方传来,令人毛骨悚然。他放声高唱'人歌',狼便向他奔驰而来,友善地舔他的脸,亲他的嘴……"联邦德国一个刊物就是这样报道养狼怪杰沃纳·费特的。

当年54岁的联邦德国人沃纳·费特,行伍出身,当过司务长。童年时沃纳就喜欢在森林中观察幼狐的生活,中学没有毕业,他便进法兰克福动物园工作。职业使他更加酷爱和了解动物。这位年轻的饲养员经常在兽棚里就寝睡觉,和野兽交朋友。

离开动物园后,沃纳·费特便去亚洲、非洲、南美洲的深山老林和荒僻地带考察野生动物。15年前,他从国外归来,便开始养野狼。

现在,沃纳·费特有大小22只狼,它们分五处栖息于四周围有铁丝网、总面总达30多公顷的森林中。为了使狼

第五章 与凶猛动物和平共处的奇人奇事

保持野性,沃纳千方百计地维护狼的生活环境与生活条件。他并不是要驯化或训练狼,而是在狼群中"驯化"自己,想方设法像狼那样生活,以便接近与研究它们。他从不用手给幼狼喂食,而是嘴对嘴地饲养。为了让小狼学会捕杀动物,沃纳有意识地在森林中繁殖小兽和放养各种家禽、牲畜。每种动物、甚至各群动物都有各自的气味,所以沃纳必须穿上有不同气味的衣服才能进入不同的狼群,否则狼会将他当做异己。在每一群狼中,沃纳都有睡觉的地方——长四米、高一米的大木箱;冬季垫草御寒,狼也蜷伏其中,偎依在这位"家长"身旁。

常言道,"豺狼成性"、"狼子野心"。狼是非常残暴的野兽,狼崽虽小,却本性凶恶。

有一天,沃纳睡觉时挤醒了入睡的狼,险些招致灭身之祸。从此以后,沃纳才明白不可扰乱狼的睡眠。还有一次,费特来到坐落在迈齐克的养狼场,突然发现:狼毛竖立、狼尾伸展、拱着腰弯、着背的一只只狼,排列有序地站在一起,虎视眈眈地等待着什么。沃纳心里感到惊悸,但他知道,即使流露一丁点恐慌,后果便不堪设想——它们会群起而攻之,向他扑来。胆大心细的养狼专家一边目不转睛地注视着站在最前面的"带头狼",一边从容不迫、神色镇定地向它走去,狠狠地踢它一脚。带头狼尖啸着仓皇后退,其余的"哗变者"立时不约而同地反戈一击,冲向"肇事者"。

15个春秋的养狼生涯,在沃纳的身上和脸上留下了一道道伤疤。15个年头的风餐露宿,也引起了不少人的冷嘲热讽:"自寻死路"。但大多数人都称赞他是有识之士。沃纳·费特撰写的关于狼的巨著也即将付梓。可以相信,它将帮助人类了解大自然的野生动物。

(常 莎)

8. 与狼交朋友

我和乔吃过早饭,坐下来,慢慢悠悠地喝起了咖啡。我们猛一发现有两只狼正站在外面看着我们的小木屋。它们一定是闻到我们煮肉的香味跑过来的,数九寒天在茫茫雪原上是很难觅到食物的,看着瑟瑟发抖的动物,不由起了怜悯之情。

"乔,去给它们扔几块肉吧。"我说。"但是,我敢说它们是不会接受的。牧场主经常投放施有毒药的肉引诱狼上钩。时间一长,它们都学精了,轻易是不会上当的。"

乔切下两块肉,走出了小木屋。

开始,两只狼站在原地一动不动。乔距离它们大约有三码距离。随后,它们显得异常兴奋,跃跃欲试。然而,它们又心惊胆战,不敢贸然前来。于是,它们慢慢地退进了灌木丛。乔将肉扔到雪地上,转身往回走。

第五章 与凶猛动物和平共处的奇人奇事

他刚走到半道上,就见两只狼如离弦的箭一般飞窜出来,各自叼起一块肉,跑回了灌木丛。

我们的小木屋坐落在山脚下,放眼望去,方圆几英里都一目了然,也经常能听到狼的嚎叫声。每当它们路过这里的时候,总要停下来向我们望两眼。

第二天早上,乌云密布,大雪几乎已经停止了,风声呼啸着穿过灌木丛,我们默不作声地吃着早饭。突然,什么东西闯进了我的视野。

"快看,乔!"我大声叫道。他一个健步冲到门口,说:"是它们!"

它们正在着向小木屋走来,母狼的一条后腿上夹着一只沉重的钢制圈套,它的同伴用嘴叼着套链,帮它拖着那沉重的东西,一步一步穿过灌木丛。

它们是来找我们的,它们肯定知道我们会帮忙的。

当我们走近它们的时候,它们停了下来。公狼又后退躲进灌木丛。母狼站在那里望着我们,它疲倦的眼中泪光闪闪。

"现在要当心,"我对乔警告说。"也许它会咬你。"

乔全不介意,他弯下腰,抱住它毛茸茸的脖子,轻声说:"宝贝,想死我了。"

他说:"你来取那圈套吧。即便它有什么行动,我也会管住它。"

当我取下圈套的时候,它的身体一阵战栗,一定感到钻心的疼。但是,它一动也没有动。

我们返回小木屋。两只狼跟了过来,母狼仍然一马当先。它们吃了我们放在外面的野兔肉,然后离开了。

从那以后,我们见到它俩的次数越来越少了。当春回大地的时候,我和乔也重操旧业,开始寻找金矿,我们现在

动物与人类的恩怨情结

只是将小木屋当做睡觉的地方。一天夜里,我们听到门边响起一阵低低的叫声,我从被窝里一跃而起,只见月光下站立着的是母狼,它嘴里衔着什么东西。

我以为是一只兔子,后来,我才看清那是一只小狼崽。

它走进小木屋,小心翼翼地将小狼崽放在地板上。狼崽小小的,很怕见人。

乔突然发现:"它受伤了!它的爪在流血。"

他抱起小狼崽,仔细看了看它的爪子。我端来了热水。

"问题不大。看来是什么东西砸的。"他说。

但是,它的母亲将它送给了我们,是想让我们做点儿什么。于是,我们用肥皂水将它的爪子清净擦干,又在伤口处搽上红药水。母狼一动不动地看着,嘴里呜呜叫着,好像是在催促我们。处理完后,乔将它放在地板上。母狼将小狼崽叼在嘴里,深情地望了我们一会儿,回转身走出门,奔进了银色的月夜中。

(青闰)

第六章 动物参战的故事

第六章 动物参战的故事

动物与人类的恩怨情结

1. 动物参战奇闻

狮子参战，血流成河 公元前，古埃及第十八王朝的法老阿蒙荷太尔二世和第十九王朝的法老拉美西斯一世，在对外扩张的战斗中，特别是在镇压埃及人民的反抗时，曾放出狮子来参战。结果，经过训练的狮子见人就咬，死伤不计其数，十分悲惨。

巨大象兵，勇猛冲锋 象为万兽之王。古代印度的"象部队"起着类似现代坦克部队的作用，亚格伯皇帝曾用300头大象攻陷8000名敌军镇守的希托尔要塞。

黄牛助阵，大败敌军 战国时期，燕昭王以乐毅为将，联合赵、魏、楚等国，攻伐齐国，连续攻下了齐地70余城。可是围即墨城久攻不下。"即墨人推田单为主，收城中牛，得千余，做绛僧衣披于牛身，并画五彩龙文，扎刀刃于牛角上，束灌苇于牛后，凿城数十穴，夜烧牛尾，纵牛出。"牛疼痛不住，发怒冲向燕军，敌人见奇物闯进军营，以为神物降临，军心混乱，不战而退，田单率军乘势而入，击溃敌军。

火鸡助阵，出奇制胜 公元353年，羌人酋长姚襄背叛东晋朝廷，东亚将军奉命平叛。但羌兵人多势众，且堑栅坚固，难以攻下。将军命令士兵取数百只大雄鸡，用长绳将其连住，把硫黄等引火物系在鸡身上。出击时，点燃硫黄。受惊的雄鸡直冲敌营，加上鸡翅拍击，火势更猛，顿时敌寨起火。将军督军强攻，烧得羌军片甲不留。

蜜蜂攻城，勇立头功 11世纪时，英王理查得一世在攻打耶路撒冷的古城让达克时，把一箱箱蜜蜂抛到敌方守城的士兵群中，无数敌兵被蜜蜂蜇伤，疼痛难忍，个个抱头乱窜，无法投枪放箭。英军也蜂拥而上，夺得了该城。

第六章 动物参战的故事

借羊击鼓,妙计退却 宋将毕再遇与金兵作战,寡不敌众,如何退却?他弄来许多羊,把它们倒吊起来,并将羊的前蹄紧贴在鼓面上。这样,被吊的羊拼命挣扎,致使两条前蹄不停地打鼓,发出"咚咚"的响声。就在这阵阵击鼓声中,毕再遇率部撤离,而金兵则因日夜听到击鼓声,还认为宋兵尚在。当他们察觉时,宋兵已走得无影无踪了。

信鸽报情,通信及时 信鸽是军队中"无言的通信兵"。第二次世界大战时,盟军的飞机正要起飞轰炸德国设在意大利考尔德凡契亚村里的工事,殊不知已有1000多名英军步兵将该村占领。在这危急关头,英军放出信鸽及时向盟军作了报告,使轰炸计划取消,挽救了千余士兵的生命。

军犬炸坦克 在苏联卫国战争年代,苏军中有一支由500多条军犬组成的"打坦克队"。这支打坦克队有4个军犬连,每个连配有126条经过特殊训练的军犬。

作战之前,这些训练有素的军犬由引导员带到指定地点潜伏下来。当敌方坦克开近时,引导员就将缚在军犬身上的反坦克雷引信点燃,军犬们就按指令狂奔向前,钻到敌军坦克底下,将坦克炸毁。在斯大林格勒大战中,苏军就用这种办法,先后炸毁德军坦克300多辆,有力地打击了德国法西斯的嚣张气焰。

军犬为维护苏维埃政权作出了卓越的贡献。所以,战后在苏联的一些城市里建立了军犬纪念碑!

(《老人天地》)

2. 动物助战奇闻

蚂蚁气死楚霸王 楚汉相争,垓下一战,项羽兵败,逃至乌江边,前有大江阻拦,后有追兵紧逼。楚王急得团团

动物与人类的恩怨情结

转。突然看见江边地上有许多蚂蚁,组成了"楚霸王死"四个大字。项羽拔出所带佩剑,对天长叹曰:此乃天意,非战之故也。言毕,用剑在脖子上一抹,自杀了。

原来,这是韩信的安排。他预计到垓下这一仗,项羽必败,败后必向乌江方向逃遁。故先派人在江边开阔地上用蜜蜂写下这四个大字。蚂蚁嗅觉灵敏,聚拢来吮吸蜜汁,结果被项羽看到,中了他的计。

白鹅救罗马 公元前四世纪,高卢人进犯罗马。罗马军队大败,被围困在卡彼托里山上。罗马军队据险死守待援,高卢人久攻不下。

一天深夜,连日苦战而疲惫不堪的罗马守军早已进入梦乡。高卢人悄悄地抄后路沿峭壁攀上山顶,准备偷袭。正在危急关头,突然有人踢翻一块山石,惊醒了山上女神庙里的一群白鹅。嘎、嘎的鹅叫声,吵醒了罗马守军,他们意识到敌人可能偷袭,立即群起抵挡,奋勇拼杀,终于击溃了高卢人,这就是历史上相传的《白鹅拯救罗马国》的故事!

(王乃仙)

3. 动物卫兵奇闻

鳄鱼保镖 我在美国纽约州布法罗警察局工作,一天我在哨卡检查过往车辆时,发现一位名叫卡尔·曼尼的汽车后车厢里放着一只大布袋,我问:"这里面是什么东西?"

"我的保镖"司机回答说。

"你解开口袋让我看看。"

他小心翼翼地解开口袋,里面是一条鳄鱼,它懒洋洋地伸出头,不停地眨巴着眼睛。我神奇之余拍了一下曼尼的肩膀说:"这玩意能当保镖……"没等我话说完,它挣脱出口

第六章 动物参战的故事

袋朝我冲过来。这时曼尼对它命令道："别动，"它竟真的停住了。曼尼笑着对我说："我花了几年的时间把它训练成我的保镖，我一旦遇到麻烦，它会上来帮我。"

鹅当警卫 苏格兰格拉斯哥威士忌酒家仓库为英国有名的瓦兰登公司所有，该公司本计划配备一批警犬担任警卫，但警犬训练需要时间，而且费用较大。后来，仓库主人知道中国的澄海狮头鹅每头体重15公斤左右，颈粗长，趾蹼宽，声音洪亮，气势凶猛，忠于职守，看到陌生人紧追不放，就决定用鹅来担任警卫，他们饲养了近百只狮头鹅，日夜守卫酒库。

守店蜘蛛 英国产一种毒蜘蛛，它身上有使人致死的毒素，常使人不寒而栗。伦敦一家大商店的老板利用人们害怕毒蜘蛛的心理，每晚在店里放出两只毒蜘蛛充当"看守"，从此，盗贼不再问津。

看库神鹰 在英国恩澳特市，有位市民驯养了一只鹰给他看守车库。几年来，此鹰战功赫赫，获得了"神鹰"的美称。有个偷车贼偷车被鹰抓得浑身是血，还被抓瞎一只眼睛。几十分钟后，警察根据鹰爪上留下的血迹和破布，很快逮住了偷车贼。

蟒值夜班 奥地利维也纳一家皮鞋店，主人"雇佣"了一条两米半长的大蟒蛇来"值夜班"。这名"雇员"忠于职守，从没轻易放跑任何一名盗贼。有次它同一个曾是擂台大力士的盗贼搏斗了几个小时，其身躯犹如一只铁夹子，死死缠住盗贼不放，最后，这位擂台高手因筋疲力尽，而俯首就擒。

查禁警鼠 在美国哈里森的一些关卡，养着一些"警

鼠"。这种警鼠嗅觉灵敏,是警察检查过关人携带违禁物品的得力助手,一旦发现有人携带炸药或其他违禁物品通过关卡,警鼠就会产生激烈反应,发疯似的乱蹦乱窜,使违禁者的阴谋无法得逞。

看家老虎 巴西里约热内卢市郊,盗贼成灾,有几家庄园驯养老虎看家。有一家庄园养了一只名叫"桑巴"的雌虎,此虎对主人一家友好,但若是陌生人进屋不跟它打招呼,它就不客气了。白天,主人把它关在笼子里,晚上,便把它放出来守夜,从此,盗贼再也不敢上门了。

打狼鸟 在布隆迪为了对付恶狼,当地农民饲养了一种叫"斯本人"的鸟。这种鸟的舌头富有弹性,能把二三两重的石头弹出五六米远,而且又快又准,灰狼有种气味,"斯本人"鸟很不想闻。所以,狼一靠近,它们就一齐射出"子弹"打狼。当地人称它为"看门鸟"或"打狼鸟"。

(葛正明 张维元)

4. 动物"消防兵"

水桶鸟灭火 在贵州江口县,有一种"水桶鸟",又名飞虎,学名长翅膀蝙蝠鹰。体形不大,但双翼翅膀薄如蝉翼,白天蜷伏于峭壁岩洞中,翅膀折叠将身体团团包住,头朝下贴于石壁上;夜间则飞翔于山间捕食。奇怪的是,水桶鸟一旦发现森林中有烟火,便约同伴飞入山下沟谷,用长长的翅膀装上两桶水(翅膀装水后,折叠成桶状),飞向上空,将水浇于火上,如此往返,直至将火扑灭。

第六章 动物参战的故事

灭火蚂蚁 在非洲的草原上,有人将未燃尽的烟头随手扔,结果导致干枯的野草燃烧。在燃烧的野草丛中,生存着一窝蚂蚁,眼看火势就要把它们的家园烧毁,它们赶忙爬向火苗,从嘴中分泌出一种液体,将火慢慢熄灭。动物学家们还进行了一次试验,将一支点燃的蜡烛放在一处蚂蚁的窝顶上,大约一分钟左右,窝内的蚂蚁便觉察到有一种灭顶之灾。开始时,一些蚂蚁显得惊慌失措,急忙进穴窝奔走相告。不一会儿,蚂蚁们像开过动员会一般,纷纷从洞穴出来爬上已燃烧着的烛芯,从嘴中分泌出十分独特的液汁灭火。一些蚂蚁在灭火中牺牲了,别的蚂蚁就立即冲上去,经过四五十分钟的激战,蜡烛的火焰终被蚂蚁扑灭了。动物学家得出一条结论:小小蚂蚁具有非凡的消防灭火本领。

狗灭火 在美国华盛顿州的马其顿农场,饲养着一种具有特殊功能的消防狗,只要嗅到哪里着了火,它就立即跑去将火踩灭。如果踩不灭,它就会迅速跑回来找人"报警"。

(林芳珊)

5. 海豚出战波斯湾

在海湾战争期间,据说海豚成了美海军的一种秘密武器,数十只经过特别训练的海豚曾在波斯湾和红海巡逻,保护美军的安全。

据称,美海军曾在海湾前线为海豚设了3个基地,而且采取了特别措施,防止漏油对它们造成伤害。据说,在海湾巡逻的海豚可以找出伊拉克水雷的位置,它们至少有3次

动物与人类的恩怨情结

使美舰免触水雷。有一次,2只海豚发现一批水雷,而1艘驱逐舰正向该海区驶来,海豚就冒着被撞死的危险,在舰前跃出水面,发出警报,使美舰避开了水雷。

海豚还能拦击企图在美舰下安置炸弹的伊拉克蛙人。据说在海豚的鼻子上安装了一种口径0.45cm的手枪,碰上敌人便可射击,海面经常能看到伊拉克蛙人的浮尸,就是海豚所杀。此外,海豚还懂得保护己方蛙人,使他们免遭水蛇的伤害。

一位高级分析家说:军方研究海豚已有30多年了,他们在夏威夷、基韦斯特和圣地亚哥的秘密基地训练了240只海豚。他们曾发表过达20万字关于海豚帮助人类执行海底任务特殊本领的报告。所以,在战争中,使用这些海豚也是符合情理的。

(曾金平编译)

6. 企鹅监测员

企鹅生长在南冰原大陆,由于它们祖祖辈辈生活在这块尚未被工业污染的"净土",于是对工业地区的种种污染反应十分灵敏。

德国柏林的一个空气监测站启用这种水鸟当"环境监测员",只要空气中有一星半点的污染,它们的呼吸便灵敏地发生变化,而且这种变化会随着污染程度的强弱而变化,其准确性和灵敏度超过先进的电子监测器。更有趣的是,这些训练有素的"企鹅监测员"还会按时上下班。

第六章 动物参战的故事

（扬天柱）

7. 动物防盗与侦探

当今世界，偷窃抢劫、走私贩毒、杀人等恶性案件不断发生，犯罪分子的手段日益狡猾，气焰嚣张。为了有效地制止犯罪、破获案件，人们一方面不断改进防御技术，一方面求助于有着"一技之长"的动物来充当"警卫"、"刑侦员"、"检查员"等。

动物"警卫"

鸵鸟 南非开普敦牧场就"请了"一只高近3米、长2米、体重90公斤的鸵鸟担当牧羊警卫。这种大鸟奔跑速度快，两腿高大、刚劲有力，只要它发现形迹可疑的人走近羊群，就会撒腿飞奔过去，如来者确实"不善"，它就会用脚猛踢，直至把此人"打走"为止。受此启发，美国有一家工厂也启用鸵鸟看守一个堆放旧汽车的场院。

鹅 美国洛杉矶一位名叫东尼·安基堤的人，因上班

动物与人类的恩怨情结

后家中无人照顾,窃贼曾两次光顾,后来他买了两只大白鹅驯养,并让其在院内"巡逻"。鹅忠于职守,每当发现有"越境者",便振翅引颈"嘎嘎"大叫。这时,邻居闻声前来,窃贼只好溜之大吉。

鹅的地域观念浓厚,听力异常灵敏,一旦听到异常声音,整个鹅群就会惊动起来,发出"嘎嘎"声,并气势凶猛地紧盯着陌生人不放。更难能可贵的是,它们不会因食物的引诱而轻易接受窃贼的"贿赂",放弃"职责"。正是这些原因,鹅被美国军事部门看中。1986年,美国在当时的联邦德国三个军事基地和陆军保安部门,都把鹅作为早期警报员。继后又在30多个军事设施地用鹅担任警卫。

狮子 英国、巴西和意大利等国家,还有用狮子来做警卫。如意大利海滨城市那不勒斯巴斯爬莱雷恩茨先生,他豢养着两头雄狮子,用来看守他经营的液化气仓库,使过去频频失窃的仓库不再发生案子。又如英国斯卡尔伯罗市的足球俱乐部,有好几个"誉满全球"的足球大赛奖杯,极为珍贵。老板为了使奖杯不落入"梁上君子"之手,也买了几只大狮子专门用来看守奖杯,窃贼再也不敢"光顾"了。

驴 你可能万万不会想到,美国弗吉尼亚州的两所生物试验站,竟驯养驴看守大门。他们发现驴看守大门的能力比狗强。原因是驴"安分守己","屁股坐得牢",不像狗那样到处游荡,易被人钻空子。而驴一叫起来声如警笛,同时不会随便"拉响警笛",工作效率极高。

蜜蜂 用动物防盗做得巧妙的,可能谁也比不过英国歇比岛上的一座教堂的神甫。这座教堂的尖顶是铅皮覆盖

第六章 动物参战的故事

的,曾两次被窃贼偷走,每次都花费很大的代价才修复好。当窃贼第三次"光临"时,"欢迎"他的是3万只蜜蜂的猛烈袭击。

鹦鹉 其实,人们使用过的防盗动物很多,如蝎子、毒蜘蛛、毒蛇和"食人鱼"等。你听说过吗?小小的鹦鹉也能把窃贼吓跑。好多年以前,英国南部某城,一天夜晚,一个窃贼蹑手蹑脚地潜入一家住宅,正准备行窃时,突然听到从暗处发出的呼声:"滚蛋!"窃贼以为被人发现,便慌忙拔腿逃跑。其实,这是鹦鹉在"饶舌"。

动物"刑侦员"

警犬 在公安刑侦破案中,"警犬"可以说是公安人员最得力的助手。早在1890年,比利时某个城市警察署就开始把"警犬"作为警察署编制成员开始实话警犬制度。此后,各国都豢养大量的警犬,用于刑事侦查。

1984年,德国布派塔尔市有一头名叫阿亚克斯的警犬,作了一次精彩的表演,它可以驾驶特制的警车追捕犯人,并迫使犯人就范,然后把犯人押上警车开回警署。由于它表演出色,从而获得了有史以来第一张狗驾车执照。上面有警察署长的签名,并且注明"若非醉酒,终身有效。"

警犬有敏锐的嗅觉,可以发现罪犯的指纹和气味以及遗留在物品中散发出的气味,从而跟踪逮捕或发现罪犯的线索。有关这方面的例子不胜枚举,因而现在有不少国家的法院,仅以警犬的嗅觉为佐证,就可以判被告罪名成立。

警猪 除了警犬之外,"警猪"也成了"刑侦员"队伍中的一员。在德国下萨克森州警犬学校,教练员弗朗克训练

动物与人类的恩怨情结

的一头小野猪路易斯,两个月后就能准确地从一个冰箱中找到曾经让它在别的地方嗅过的一瓶牛奶,9个月后,就能隔着皮箱嗅出毒品大麻,此后不久,又能嗅出深埋在地下1米半深的毒品和作案工具。

动物"检查员"

狗"检查员" 狗由于嗅觉灵敏,被许多国家"雇用"担任海关检查部门的"检查员",专职在车站、码头、机场等出入口和行李仓库,负责"检查"出入境人员身上或行李内是否藏有炸药、毒品等违禁品。一个好的"检查员"不但能嗅出不同违禁品的不同气味,而且还能因气味不同,发出不同的吠声。但美中不足的是警犬从输送带上众多的行李中嗅味时,容易弄错。尽管如此,人们还是离不开它。在美国肯尼迪机场、英国的希思罗机场和法国的戴高乐机场等都有狗"检查员"参与这项工作。如法国戴高乐机场,一支由18人组成的特别行动队,牵着德国品种的"检查员"轮流在货仓里检查。1986年12月在一个装满香蕉、椰枣的集装箱中,一次就发现30公斤毒品,为法国缉毒工作做出了贡献。

警鼠 道高一尺,魔高一丈,狡猾的劫机、贩毒分子巧妙的伪装,使躯体较大的狗有时无法施展功能。因此,继狗"检查员"之后,比狗嗅觉更灵敏、体躯小巧的"警鼠"问世了。在美国爱达荷州车站入口处和纽约国际机场海关通往停机坪的出入口处,有时警察会突然拦住某旅客进行检查,结果搜查出违禁品。警察何以如此神通广大,毫无差错地判断某旅客携带有违禁品,这完全归功于"警鼠"。

老鼠的嗅黏膜分布有密集的神经末梢和丰富的血管。

第六章 动物参战的故事

它的嗅觉灵敏度是狗的 7~8 倍。科学家根据老鼠这一特性,分别给老鼠嗅微量的火药、毒品、易燃品等各种违禁品的气味,并同时给予电击,造成强烈刺激。经过这种品味刺激以后,每当老鼠再嗅到这些气味时,由于条件反射,就会立即出现剧烈的骚动和狂叫。这就是海关警察准确无误检查出各种违禁品的秘诀。

警獴 毒品走私一度曾在斯里兰卡泛滥成灾,为了向毒品宣战,在美国的资助下,斯里兰卡人精心训练当地出产的小动物——獴。这些"小不点儿"的"检查员"的出现,往往不被人注意。它们可以在车、船、飞机座舱和仓库里上蹿下跳,甚至连狭小的缝隙或行李袋里都能光顾。由于它们与人的通力合作,20 世纪 70 年代以后,斯里兰卡的毒品走私有所遏制。

(李本亭 李伟 编译)

8. 猴子当保姆

美国波士顿郊区住着一位叫罗巴特·福斯泰的残疾青年。几年前,他因车祸受了伤,后来伤虽治好了,但两条手臂不能动了。为了帮助自己料理生活,罗巴特养了一只经过训练的猴子做家务。

这只雌性猴子,4 岁,名叫亨利翁。原先生活在中美洲,是一种卡布金猴。卡布金猴身材矮小,身高仅 50 厘米。但动作敏捷,特别是它有锐利的双目,只要罗巴特口中的指挥棒发出声音或灯光信号,亨利翁就会根据信号去做事。如

果罗巴特口中的指挥棒不小心落在地上,亨利翁就会茫然不知所措,罗巴特也只能等待护理人员把指挥棒从地上拾起来,重新放入他的口中。

早晨,罗巴特起床后,亨利翁就会跑来给他梳头,然后,换上录音机上的磁带,打开冰箱,取出放有牛奶、鸡蛋的碗或者瓶子,放在一只盘子里,送给罗巴特,再一匙一匙地把牛奶、鸡蛋送入罗巴特的口中。亨利翁还会翻书、开门、关门、开电灯、关电灯,用小型吸尘器打扫卫生等。

当然,亨利翁的工作也不是完美无缺的,有的工作干得十分笨拙,只能得50分。亨利翁每干完一件事后,罗巴特口中的指挥棒一动,亨利翁所喜欢的带有香蕉味的糖果就会从一种装置中滚出来,亨利翁就会享受一番。

9. 苍蝇间谍

自从有了战争,已有过各种各样的间谍。今天,又出现了一种令人难以想到的新间谍——苍蝇间谍。在苍蝇的身体里安装上微型窃听器,苍蝇飞到敌人的司令部,可以搜集很多绝密情报。

一次,一只苍蝇间谍被捕获,解剖后置于显微镜下,人们大吃一惊。人们发现了一个完整的无线电台——即一个比米粒小得多的硅片。这种每个不到2平方毫米的硅片看来十分平常,但具有惊人的"魔力":它们有极强的接收、分理并发送情报的能力。

(凌华俨译)

第六章 动物参战的故事

10. 动物邮递员

猴邮 尼日利亚的贝喀萨地区,用猴子送信。这种猴子母猴和子猴形影不离,人们把母猴和子猴送到不同的地方,并把子猴放出去找母猴,使它们熟悉路线。通过训练,如果需要同母猴所在地通信,便将信放在竹筒里,让子猴背上竹筒去找母猴就行了。

鸭邮 美国多佛训练的野鸭,让它们传送气象表和科技情报,并送到报社。前几年,在得克萨斯州的20个邮区中,有近100只野鸭从事邮递工作。

鱼邮 位于斯堪的纳维亚半岛周围的居民,早在1880年就利用鳊鱼来传递邮件了。这种鱼生活很有规律,他们成群结队从海峡这边游到那边,栖息一夜后又返回来,终年不变。当地的居民利用这一特性,早上把装有信件的小袋放在水里,让鳊鱼顶到对岸,第二天鳊鱼又将对岸的信件顶回来。

动物与人类的恩怨情结

猫邮 比利时邮局驯养了30多只猫,机灵可爱,能往返30多公里为人们传递信件,并且相当迅速。当人们收到"猫邮差"送到的信件时,只要赏它一顿鱼食即可。

(白淑贤)

第七章 动物拾趣

动物与人类的恩怨情结

1. 鹦鹉主持婚礼

墨西哥有个牧师名叫李察,他饲养的一只鹦鹉取名为"鲁高",已经有12个年头了。有一天,牧师像往常一样,带着鲁高去为一对年轻人主婚。他把鸟笼门打开,鲁高跳出鸟笼,停在牧师手上,一字不漏地念出结婚誓词。这一段誓词本该由牧师来念,现在却由鲁高来念,而且一字不差,大家惊喜之时,掌声雷动,使婚礼的气氛更加热烈。

消息传开后,不少准备结婚的新人,纷纷要求鲁高为他们宣读誓词。让鹦鹉鲁高来为年轻人主持婚礼,逐渐成为最受人们喜爱的新鲜事。

李察牧师在回答人们提问时说:"结婚仪式是非常庄严的,也是应当欢快的,但以前庄严有余,欢乐不足,让鲁高来宣读誓词、主持婚礼,可以使婚礼更加欢乐。"

到目前为止,鹦鹉鲁高已经主持了60场婚礼。

(鲍世远)

2. 妙趣横生的泰国斗鱼

在色彩斑斓的热带鱼中,有一种生性倔强好斗的鱼,泰国人称之为"斗鱼"。

斗鱼生长在东南亚地区,一般长6厘米～7厘米,体色赤褐,并具有12条蓝绿色斑纹横带,犹如美国的星条旗。它口小、吻短、眼睛大,有条旗形的尾,鳍呈丝带状,鱼体有

第七章 动物拾趣

红、青、蓝、白等各种颜色,非常华丽,可是它却没有外表那么优雅,只要把它同其他的鱼养在一起,它就会对其他鱼发起攻击,有的直至毙命。

斗鱼在世界上有些国家很盛行,尤其是泰国。人们把斗鱼列为民间的比赛项目,其激烈程度不亚于斗兽、斗牛、斗鳄、斗鸡、斗蟋蟀等搏戏竞技活动。

斗鱼前,通常先选择训练有素,体形差不多大小的两条雄鱼,分别盛在两只玻璃水缸里,然后把它们靠近放在一起,让它们看得见而碰不着,并将光线逐渐增强。

本已孤僻静置一缸的斗鱼,随着光线和环境突然改变,两条斗鱼一见如仇,凶性骤增。这时观看的人,如果看见两条鱼都张鳍鼓鳃,并且相互冲击对方,具有殴斗姿态时,主人便把两条鱼捞放在同一水缸内。

泰国人常以斗鱼为乐趣,围观的人熙熙攘攘,大家聚精会神仔细观看两条鱼相斗的过程。当一条斗鱼游近另一条斗鱼时,便如临大敌,立即警觉起来。它们身上所有的鱼鳍随即连根舒张开来,鳃膜也胀大鼓起,鱼身和鱼鳍都彻头彻尾地变成有光带的蓝或红色,此时斗鱼的色彩其他鱼类是无法比拟的。

一开始,两条斗鱼并不马上相斗,而是头朝着一个方向,其中有一条鱼比另一条略为领先一点,游浮片刻,在各自保持这种姿态持续几秒钟至几分钟后,它们便开始作敏捷的攻击。

经过双方主人几个回合的挑逗刺激,斗鱼即发起猛烈的攻击,用嘴扯咬,头顶尾击,你追我逐,搅得水花四溅,令人眼花缭乱。通常最容易受到攻击的部位是鱼鳍,双方一经搏斗,彼此的鱼鳍被咬得破碎不堪,往往一对旗鼓相当的劲敌碰上,双方仅留一点鱼鳍根,鲜血直往外渗,最后弱者败北而告终。

有时,双方也嘴巴咬嘴巴,死不肯放。一旦这样咬住后,双方一边挣扎,一边在水中团团旋转,渐渐地下沉到水底,一动不动地相持10~20秒钟,然后才解除僵持局面,赶紧游到水面上吸一口新鲜空气,再重新开始战斗。当它们被迫游上水面吸气时,殴斗总是暂时停顿下来,从来有见过一条斗鱼会趁此机会来攻击对方的,因此,有人把这间歇时间,称为"斗鱼道德上的换气时间"。

经过激烈搏战,斗鱼的体色还会奇异地由绿变紫,接着又变成浅黑色,煞有奇趣。更为有趣的是,斗得起兴时,斗鱼会被胜利冲昏头脑,甚至连自己也认不得自己了。这时,假使有人拿来一面镜子放置在透明鱼缸外,好斗的"武士",见其身影就如临大敌,鼓其红腮,张其长鳍,变其鳞甲,舞其躯尾,犹如京剧舞台上的将军,舍命朝镜中的影子猛冲,尽管一次接一次地碰壁,仍不明白,结果以头破血流而告终。

斗鱼胜负的标准不在于双受伤的轻重,而是看最后哪条鱼先失去战斗力或战斗兴趣,如一方不想再继续搏斗而调头游离时,胜负就从中可决定了。一场斗鱼时间竟长达两小时。

捕捉野生斗鱼也是妙趣横生的。斗鱼栖居营筑的巢是它们用嘴吹出的一个个带黏液的小气泡堆集而成的,不易漂散,人们在寻找到斗鱼的"栖居区"后,就用一只手指插进

第七章 动物拾趣

气泡轻微抖动,同时,用舌头与上颚不时发出"笃、笃、笃……"的唤叫声,过一会,斗鱼闻声误以为是自己同伴呼唤,或是发现"敌情",便会循声应召游来,这时,捕鱼者敏捷出手,双手并拢捕捞,或以网兜捕捞,然后放在家里无光的鱼缸里单独放养。平时喂些饭粒或死苍蝇,经过一段时间的调养,雄斗鱼就可出台参斗。

在泰国,斗鱼十分盛行,养售斗鱼也应运而生。名贵善斗的鱼售价颇贵,有的人专门以养斗鱼为生。

(崇理)

3. 猩猩"画家"

伦敦动物园有一只被称为"野兽画家"的猩猩。它所画的油画每幅售价高达8万港元(逾1万美元),成为动物园的"创汇"能手。

这只"天才"猩猩名叫薛尼,年仅两岁,半年前它第一次拿起画笔,它的"处女作"自然是"抽象作品"。一位名叫杰恩·皮尔亚的艺术品收藏家对此画大为赞赏。他说:"这些表面看来画得乱七八糟的画,其实是天才的作品,这些抽象画是通过一只智慧动物的敏锐洞察,显示了人类与大自然的冲突。"皮尔亚把这些画介绍到社会上,受到一些艺术品收藏家的欢迎,认为是值得收藏的美术作品。

自从猩猩薛尼成为"画家"后,管理人员就对之宠爱有加,并更加努力训练它的"绘画技巧"。现在它每天至少可以"生产"一幅油画。有鉴于此,动物园当局便与皮尔亚签

订协议,所得画款六四分成。而动物园则利用所得的六成画款作为饲养动物和维修动物园设备的基金。

(张艺生)

4. 打乒乓球的猫

西班牙一个名叫台多·马特森的人饲养的一只猫会打乒乓球。每天早晨,这只猫总是以主人为对手练习打乒乓球。猫是用前掌代替球拍。在技术方面,猫比台多先生还高一筹!

(王敏才)

5. 斗死公牛知多少!

在西班牙,每年有24000只体格健壮的公牛在斗牛场上被斗牛士的利剑刺中心脏死去。为此,西班牙动物权力保护协会近几年在每年春天斗牛季节,都强烈呼吁取缔这一全国性的传统"节目"。

在保护协会总部的墙壁上贴着一幅引人注目的宣传画:一只公牛正半张着嘴,殷红的鲜血从嘴里喷出,下面有一行粗体字:"折磨动物既不是艺术,也不是文化。"该组织散发的传单向人们揭露了公牛所受到的残酷虐待。

对公牛的折磨其实在被带进斗牛场之前早已开始,为了准备决斗,将牛的角锯断到神经末梢,使其锐气大减,再把凡士林涂抹在牛的双眼,让其视线模糊不清;将大头针钉

第七章 动物拾趣

进牛的生殖器里,令其烦躁不安,很不道德。

西班牙停止斗牛实属不易,因为该国外汇收入的一个重要来源就是靠斗牛,它能吸引国内外的旅游者,反过来旅游业又使得斗牛继续下去。每年约有3100万观众观看斗牛,门票收入达一亿美元,直接为斗牛服务的雇员达15万人。

(李忠东译)

6. 有趣的大象运动会

泰国的素攀市,每年都要举行一次规模盛大的大象运动会,参加角逐的有来自全国各地的大象运动员。比赛分捕捉野象、拔河、障碍赛跑、跑步拾物和足球等项目。捕野象时,有的大象扮演猎手,有的则化装成野象。但见野象四

处藏匿,八方窜逃,"猎手"穷追不舍、奋力捕捉,气氛十分紧张。举重比赛独具一格,"大力士"犹如起重机将数吨重的原木高高举起,然后又轻轻放下。据说,目前大象举重的最

高纪录是六吨半。拔河竞赛是在人与象之间进行的。每个大象运动员必须单独地和七十个身强力壮的彪形大汉较量。障碍赛跑格外惊险,因为跑道上杂乱无章地堆置着西瓜和玻璃瓶、乱七八糟地躺卧着观众,"运动员"务必在障碍物间迂回前进,不能丝毫大意。跑步拾物,只见"运动员"一边扬蹄奋进,一边敏捷地将散落于途中的瓶子一一拾起,并整齐地放入终点处的筐内。足球赛时,两军对垒,"队员"以鼻运球射门,饶有风趣。

(曾渭川 编译)

7. 俄罗斯斗鹅

过去,斗鹅在俄罗斯每年举行一次,多在春天。赛前,成百上千的人从附近的城市和乡村聚集到斗鹅地点,参观

第七章 动物拾趣

斗鹅赛。比赛有着严格的规定,相斗的鹅绝对不允许啄对方的头部。对于违犯规定的鹅裁判会立即取消其比赛资格,将其逐出比赛场地。能够参加决斗的鹅都是一些训练有素的鹅。

专家们指出,参加决斗的鹅的肉比普通的鹅肉要鲜美得多,因而斗鹅售价也很高。

（辛明）

8. 苍蝇并非全是害虫

苍蝇,属四害之一,在常人眼中它总是与肮脏、疾病联系在一起的。

然而,美国伊利诺斯大学的格林伯格博士,居然发现了可利用苍蝇侦破凶杀案。他从被杀者尸体照片上,借助显微镜,研究死者身上有无蝇卵或蛹,并根据当时的气象资料,确定被害的时间和尸体是否被移动过。由于他与检察官的合作,已帮助司法部门给10名凶手定了罪,还侦破了4年前发生的一起双重谋杀案。我国辽宁省本溪市有一位"苍蝇爱好者",他解剖、鉴定过几十万只苍蝇,提出了要正确认识苍蝇的独特见解。他说:"从苍蝇与人的关系来说,大体上有三种:一种是敌人,一种是友人,一种是友人兼敌人。我们对待苍蝇的政策也应当是团结友人,消灭敌人,对于一时辨别不清的可以暂缓消灭。"他研究的成果证明,有些苍蝇是"干净癖",受了污染的水源它从来不去的。靴折麻蝇以及其他许多种寄生蝇,可寄生在多种害虫体内,使害

虫得蝇蛆病而死。真若将苍蝇一举全歼,生态平衡将遭破坏,那时,人类将面临怎样的灾难,实在无法预料。

(大山)

9. "清洁苍蝇"的贡献

并不是所有的苍蝇都对人类都有害,有一种苍蝇还扮演"救命恩人"的角色,为消费者提供安全信息。

这种苍蝇从卵、幼虫、蛹到羽化成虫,可以说是"不食人间烟火",完全未与外界接触。它们生活在摄氏25度至18度的空调温度中,幼虫吃人工饲料,成虫则"喝"牛奶,生长在既清洁又舒适的环境中。这批苍蝇是英国籍,20余年前由台湾省农业试验所引进,从此一代传一代,为提供特殊的"生物检验"服务。

它们所以独获青睐,是因尚未产生"抗体",又有"过敏"的体质,能够敏锐地感觉出有毒物质。因此在测定蔬菜残留农药的过程中,成为方便迅速的"工具"。

《香港时报》

10. 动物世界的奥运纪录

如果动物世界举办一次奥运会,那么各项竞赛的金牌得主将会是谁呢?英国新出版的《吉尼斯世界纪录大全》中,记载了各类动物最新的世界纪录。

哺乳类动物 速度短跑的金牌当属猫科动物猎豹。猎

第七章 动物拾趣

豹奔跑时瞬间的最大速度达96公里/小时,在开始的183米内,平均时速为82公里。

速度长跑冠军是美国的叉鱼羚。在6.4公里内,时速为56公里;在1.6公里内,时速为67公里;在0.8公里内,时速为88公里。

在人类饲养的各种家畜中,狗的奔跑速度最快,时速可达66.7公里。

慢速冠军首推南美洲的树獭。它在地面上的运动速度为0.109公里~0.158公里/小时,即使在遇到危险夺路逃跑时,其速度也只有0.249公里/小时,它在树上活动虽灵活一些,但速度也不过2.19公里/小时。

在游泳比赛中,海豚的夺标呼声最高。它在海上的游泳速度可达58.8公里/小时。虎鲸以57.2公里/小时的微弱差距屈居第二。另外,加利福尼亚的海狮游泳速度为40公里/小时;海豹为37公里/小时;海狗为24公里/小时。它们都是游泳奖牌的有力争夺者。

陆地马拉松冠军应在非洲的大象和斑马中产生,它们为寻找食物和水源,能连续跋涉数千公里。但由于跟踪观测有一定困难,至今未能获得准确纪录。各种家畜的马拉松纪录倒是有案可查:澳大利亚一条8岁的狗,用210天,横跨辽阔的澳洲中央大陆,回到2720公里以外的主人家中;美国一只猫用83天时间,重返1528公里以外的家园。

鸟类 飞得最快的鸟是雨燕,这种翅膀细长的鸟,最大飞行速度达170公里/小时;隼鸟在追赶猎物时,时速也可达到130公里;信鸽创造的最高纪录是时速156公里;海鸟

动物与人类的恩怨情结

中军舰鸟飞得最快,时速为153公里。

陆上的赛跑冠军是不会飞的鸵鸟,没有任何对手可与之匹敌,它的最大时速达72公里。

飞得最远的鸟是海鸥,它在北极繁殖,到南极过冬,往返路程达38400公里。

连续不着陆流海飞行的纪录由美国的行鸟保持,它在阿拉斯加生长繁殖,每到冬天它就一口气直飞夏威夷群岛,行程为4000公里。

飞得最高的鸟是生长在俄罗斯的鹤,每年冬季来临时,它就飞越喜马拉雅山到印度平原过冬,即使从山坳飞过,其高度也大于6100米;安第斯山的秃鹰也曾创造了飞越6400米高度的好成绩。

潜水冠军是南极的企鹅,它的最大潜水深度达265米。

爬虫类、两栖类动物及昆虫 爬虫类动物的速度冠军是美国的一种蜥蜴,它逃跑时的最大时速达24公里;

两栖类动物的速度冠军为太平洋中的棱皮龟,其爬行时速最高达35.2公里。

在昆虫中,一种热带蜘蛛的活动的时速达16公里;而蜓科昆虫的时速竟达28.75公里。

海龟是著名的马拉松选手,它最远的活动距离能从南美洲到非洲西部,远达5920公里。而蝴蝶的远距离飞行纪录也令人吃惊,它能从北非飞到冰岛,全程8400公里。

跳远冠军非蛙莫属,非洲的一种蛙曾创造了2.98米的纪录,其三级跳远的(连续三次跳跃)距离达7.74米。

(吴光琦 译)

第七章 动物拾趣

11. 袋鼠拳击家

人们都以为袋鼠是活泼可爱、温顺友好的动物。其实，它们有时也非常好斗。为了争夺"王位"，袋鼠甚至不惜大动干戈。

在澳洲的大草原上，有一群袋鼠自由自在地生活着。领头的是一头身材高大、但已显露出几分暮气的雄袋鼠。它们来到一个水清草肥的河谷之后，头领便让大家停下来喝水、吃草和戏耍。

突然，一头壮实的年轻袋鼠跳到头领面前，它后腿直立，粗尾撑地，挺直身子足有两米多高。在袋鼠王国中这是"下战书"，向对方表示要用武力"夺权"。老袋鼠先是一惊，随即便露出威严的神色，从容不迫地接受了挑战。它同样用后腿和尾巴支撑地面，把身子直了起来，比图谋不轨的部下竟高出一头。

年轻的袋鼠并没有被吓倒，它先发制人，一拳向老袋鼠的头上击去。然而，头领毕竟是久经沙场的"老将"，它头一偏就躲了过去，同时反守为攻，顺手一拳击在挑衅者的头上，打得对方踉踉跄跄，险些摔倒。但是，下了战书是不能反悔的，夺权者只得破釜沉舟，决一死战了。它伸出左前爪在头领的胸部猛抓一把，把一大把毛拉了下来。头领马上用右前爪抓住对方尚未缩回去的"手"，同时用左前爪抓住了它的右"臂"，张开大口向夺权者的脖子狠命咬去。这时，夺权者的身体向后一仰，只用一条尾巴支撑全身，似乎它已

危在旦夕了。可是,当头领刚要咬到它那致命的动脉血管时,它的一双粗壮有力的后腿,猛地朝头领的下腹蹬去。老袋鼠惨叫一声,松开前爪,倒在地上昏死过去。

年轻的袋鼠充满胜利的喜悦,在绿色的草地上又蹦又跳。不一会儿,众袋鼠都汇集在它的周围,不停地跳跃,好像是在向新头领朝拜。袋鼠群跟随新头领向前方走去,只剩下老袋鼠孤单地躺在地上,最后成为虎豹的腹中之物。

袋鼠的拳击术引起了人们的兴趣。在世界上还未禁止人和动物打斗之前,有人便让袋鼠戴上拳击手套,训练它和演员对打。为了防止袋鼠后爪那毒辣的一招,演员的胸部以下都要用厚牛皮加以保护。10年前,日本东京马戏团的一只袋鼠,戴着拳击手套逃到了街上。警察驾驶汽车追击,根据车速仪表的记录,它的蹦跳速度竟高达每小时60公里。最后,警察把这只逃出来的袋鼠逼到了一个墙角里,袋鼠施展了它的拳击和格斗本领,不一会儿便将三名警察蹬倒在地……

动物园里的饲养员,要么把食物放在离袋鼠较远的地方就离去,要么放下架子,弯着腰接近它们,以免袋鼠误认为你在"下战书",而发起进攻。

(胡少武)

12. 动物短跑名将

哺乳动物是动物界最活跃的类群之一,在种类繁多的哺乳动物中,不乏一些短跑好手,它们以其特有的、风驰电

第七章 动物拾趣

掣般的奔跑优势,在"弱肉强食"的激烈竞争中得以生存、繁衍。

猎豹在草原上追逐猎物时,可跑出130公里的时速,这样高的速度足以轻松地追上飞驰的火车,可算得上哺乳动物中的短跑冠军。

黑羚羊逃命时的速度略逊色于猎豹,时速为105公里,亚军是当之无愧的。

蒙古瞪羚以及出没于墨西哥和美国西部草原上的叉角羚,有97公里的时速,也算得上"名手"。

被人们誉为"兽中之王"的雄狮,在短跑中同样负有盛名,时速可达80公里。只可惜后劲不足,在较长距离的角逐中,会很快体力不支,眼睁睁看着猎物从眼皮下逃走。因此,先隐蔽在草丛中,等猎物走到跟前再突然出击,就成为狮捕猎时惯用的伎俩。

在人们心目中,鹿奔跑如飞,它的时速可达70公里~80公里,相当于一匹优良赛马的速度,但遇上猎豹和隐蔽在附近的狮子,仍难逃厄运。

有一种用来比赛的狗——灵提,它体形细长,尤善赛跑,速度可达每小时56公里,如若参加哺乳动物跑远比赛,也将是榜上有名的"选手"。

大象是陆地上最大的动物,它体态庞大,貌似笨拙,但在紧要关头,也能跑出40公里的时速,显示"林中之王"的本色。

(胡宗焕)

动物与人类的恩怨情结

13. 蛇的运动趣谈

《圣经》上说,蛇原先是有脚的,只因为它引诱夏娃去偷食禁果,于是上帝大怒,贬它穴居、爬行。当然这种说法是缺乏科学根据的。但蛇那行云流水般的优美动作,却深深吸引着古往今来的智者们。著名蛇类专家帕克曾赞叹:"我所测不透的奇妙有三样,连我所不知道的共有四样:就是鹰在空中飞的道,蛇在磐石上爬的道,船在海中行的道,男与女交合的道。"可见蛇的运动是多么神奇啊。

大概用"蜿蜒"一词来形容蛇的运动是再好不过了。蛇经过长期进化和适应,其椎骨连接既牢固又灵活,能在粗糙地面作一连串的波状弯曲,体侧下断施压力于地面,因地表的反作用而推动蛇体前进,蟒蛇往往不采取直线运动。伸缩运动是蛇在较光滑的地面或在狭窄空间内的一种运动方式,侧向运动是蛇在疏松沙地上前进时通常采用的一种运动方式,至于蛇的游泳、钻穴或攀援等运动,不过是这些运动方式的变化而已。

许多人对蛇的运动速度颇感兴趣,有人曾用"跑表"测过一些蛇的速度,发现其速度并不比人快。许多蛇的最大时速约为1.5公里;即使最快的蛇,时速也不过6公里,等同人的步行速度。那么,为什么人总觉得蛇"跑得快"呢?这是因为有几种蛇在短时间内时速可达15公里;非洲的毒蛇曼巴短跑时速达24公里;还有躯尾粗短、腹鳞较窄、平时行动较慢的水蛇,当它们在地面受到严重干扰时,常将躯体弯

第七章 动物拾趣

曲,连续迅速弹跳、形似飞跃;此外,在崎岖不平的丛莽间,有利于蛇的运动而不利于人的奔跑;再加之人们主观上的怕"蛇"心理,于是蛇速比人快的错觉便沿袭至今。

(张昕)

14. 动物运动趣谈

骆驼属慢行动物,虽然行动缓慢但很有耐力。它载重可达半吨,并能每天行走48公里。

大袋鼠有长而强健的后腿。虽然它重达90公斤,但能把其沉重的身体跃入空中,穿越1.2米高的栅栏。当它腾跃时,则用其粗大的尾巴来保持平衡并控制方向。

当一只蜜蜂碰到带有轮子的物体时,它可以拉动相当于自身重量300倍重的东西。

大象的肌体可谓肌肉的象征,单就鼻子而言,就含有4万个肌肉组织。它的鼻子不仅能把大树连根拔起,而且还能把针从地上巧妙地捡起来。

据记录,肌肉运动最快的动物应属蠓虫了,这种敏捷的小昆虫每分钟可振翼13.3万次,人眨一下眼要用1/25秒,比人眨一下眼还要快约100倍。

无论是通过陆地、飞越空中还是穿过海洋,鸟应算是运动能手了。驼鸟虽重达130公斤,但其两条腿比任何动物都跑得快,它每小时可跑48公里。

(《青年导报》)

动物与人类的恩怨情结

15. 猴子足球赛

不久前,美国在加利福尼亚州风景秀丽的红木野生动物园里组建了一支猴子足球队。球队分红队与白队,猴子身穿球衣球裤,脚穿鞋袜,在场上踢球、奔走、相互追逐抢球,非常激烈有趣。在美国观看足球比赛时,是不允许观众向球场内抛掷物品的,但观看猴子足球比赛时例外,观众可以向场内抛掷香蕉、苹果等食品,作为对猴子的奖励。

(吉利译)

16. 人与动物的运动速度比较

人步行1.5米/秒,运动员最快可跑10公尺/秒

快马:8.5米/秒

蜻蜓:14米/秒

鸟最快:100米/秒

鱼:30米/秒

豹:30米/秒

蜜蜂:2.5～6米/秒

跳蚤:可跳高于其身数十倍至百倍,为动物跳高冠军。

17. 奇鸟拾趣

会领路的鸟 在巴西的木库里佩,有一种叫"蒙特西尼

第七章 动物拾趣

亚"鸟,有非常强的识别路的能力。从木库里佩到卡帕纳,长达200公里,道路复杂。可是它只要经过一次,就能记住这段路程。于是人们登程出发时,将一条长绳缚在它的尾部,一手拉住长绳,让它高飞在空中带路。

会放牧的鸟 非洲牧民经过试验,发现身材高大的鸵鸟放牧很出色。白天放羊去草地,当晚上羊回家时,它就在路边巡视。如果哪只羊不听话或贪玩落在后边,鸵鸟就会用它的尾巴,催羊赶上队伍。

会送奶的鸟 在玻利维亚,生活着一种奇特的"送奶鸟",这种鸟的腹部有一个奶囊,每到一定的时间,它就飞到地面,让人们帮它挤出奶汁,然后飞走。这种鸟的奶汁营养很丰富,可用来喂婴儿。

(志 中)

18. 会灭火的蛇·鸟·树

在印第安的茫茫林海中,有一种能灭火的蛇,它头长鳞片,身上有菱形斑点,长4米左右,爬行起来速度极快,本地人将其称为"卢苏库"。据说在晚上,它只要看见有人在森林里举火把,甚至抽烟,便会马上爬出来,赶上去夺走火把或香烟,不间断地用力摔打,直到火把和香烟完全熄灭。科学家认为,"卢苏库"蛇是一种夜游动物,因为火光妨碍了它的自由,所以非得把火灭掉不可。

在南美洲尼加拉瓜的丛林里,生活着一种名叫"沙里特"的奇鸟。它黑色的羽毛闪闪发亮,分外耀眼,婉转的歌喉发出响亮的鸣叫声。它的大肚皮引人注目,里面装的不是别的,竟是一种天然灭火溶液。"沙里特"鸟喜欢群居,常在海滩上捕捉鱼虾。当发现哪里出现火灾时,它便会展翅高飞,以最快的速度赶到现场,把肚皮里的灭火溶液全部"奉献"出来,扑灭大火。

梓河树是非洲安哥拉森林中的一种四季常青树,它浓密的枝叶中间长着许多密布着网眼小孔的节苞,里面装着一种灭火剂,只要受到火光的刺激,"灭火剂"便会从节苞的网眼小孔里喷出来,把火灭掉。所以,当地很少发生火灾。

(忠 东)